DESIRE NZOYISABA
BENOIT NZIGIDAHERA
BERNADETTE HABONIMANA

Levantamento da vegetação do Parque Nacional de Kibira: sector de Teza

DESIRE NZOYISABA
BENOIT NZIGIDAHERA
BERNADETTE HABONIMANA

Levantamento da vegetação do Parque Nacional de Kibira: sector de Teza

ScienciaScripts

Imprint

Cover image: www.ingimage.com

This book is a translation from the original published under ISBN 978-620-3-44961-7.

Publisher:
Sciencia Scripts
is a trademark of
Dodo Books Indian Ocean Ltd. and OmniScriptum S.R.L publishing group

120 High Road, East Finchley, London, N2 9ED, United Kingdom
Str. Armeneasca 28/1, office 1, Chisinau MD-2012, Republic of Moldova, Europe
Printed at: see last page
ISBN: 978-620-8-06281-1

DEDICAÇÃO

Aos meus pais e familiares;
Aos meus irmãos e irmãs;
À minha querida Aline Maniragumije; Aos meus primos;
Dedico este livro de memórias aos meus amigos e aos amigos da natureza.

AGRADECIMENTOS

No momento em que este trabalho chega ao fim, gostaríamos de aproveitar esta oportunidade para expressar os nossos sinceros agradecimentos a todos os que contribuíram para a sua realização.

Os nossos primeiros agradecimentos sinceros vão para o Sr. Benoît NZIGIDAHERA, responsável pela investigação no OBPE (antigo INECN) e para a Professora Bernadette HABONIMANA, docente na Faculdade de Ciências Agronómicas da Universidade do Burundi, respetivamente diretora e codiretora desta dissertação, que, apesar das suas múltiplas ocupações, aceitaram orientar este trabalho. O seu rigor científico, os seus numerosos conselhos e a sua franca colaboração foram-nos muito úteis.

Gostaríamos também de agradecer aos responsáveis do OBPE (antigo INECN) e em particular ao Sr. Jean Claude HAKIZIMANA, chefe do Parque Nacional de Kibira, bem como aos guardas florestais do sector de Teza pela sua franca colaboração durante o trabalho de campo. Gostaríamos também de aproveitar esta oportunidade para exprimir a nossa gratidão aos Srs. Blaise NDIHOKUBWAYO e Barnabé NIZIGIYIMANA por terem tomado conta de nós durante o nosso trabalho de campo.

Gostaríamos também de agradecer a todos os membros da nossa família que nos apoiaram durante o nosso tempo na escola. Em particular, gostaríamos de agradecer à família NTIBAGIRIRWA Gaspard por ter tomado conta da nossa estadia em Bujumbura antes e depois de termos deixado a residência universitária.

Gostaria de expressar a minha satisfação a todos os professores que participaram no nosso curso de formação, desde a escola primária até à Universidade do Burundi.

Por fim, não podemos concluir sem agradecer ao Instituto Real Belga de Ciências Naturais (IRScNB) o financiamento do trabalho de campo deste projeto.

Nzoyisaba Désiré

ACRÓNIMOS E ABREVIATURAS

A-AM Arbóreo, constituído por árvores de pequeno e médio porte
aB Arbusto
A-GA Arborescente com árvores de grande porte
A-TGA Arborescente com árvores muito grandes
FACAGRO Faculdade de Ciências Agronómicas
GPS Sistema de Posicionamento Global
Ht Altura
IGEBU Instituto Géographique du Burundi
INCN Instituto Nacional de Conservação da Natureza
Indeterminado Indeterminado
INECN Instituto Nacional para o Ambiente e a Conservação da Natureza Natureza
IRScNB Instituto Real Belga de Ciências Naturais
Latitude Latitude
LEM Controlo da aplicação da lei
Lon Longitude
Nbr Número
NNW Norte Norte Oeste
N-S Norte-Sul
OBPE Gabinete de Proteção do Ambiente do Burundi
O.R.U Portaria Ruanda-Urundi
KNP Parque Nacional de Kibira
Rc Recuperação
SsAH Subarbustivo e/ou herbáceo
SSE Sul do Sudeste
Topo Topografia
IUCN União Internacional para a Conservação da Natureza

ÍNDICE DE CONTEÚDOS

INTRODUÇÃO

A posição do Burundi no centro de África, a sua topografia, o seu território que combina terras agrícolas e terras aquáticas e uma diversidade de condições eco-climáticas conferem-lhe uma riqueza incrível de espécies vegetais e animais e ecossistemas florestais diversificados (Habonimana *et al.*, 2007). O Burundi tem atualmente 17 áreas protegidas em 4 categorias, incluindo 3 parques nacionais, 8 reservas naturais, 1 monumento natural e 5 paisagens protegidas (Masharabu, 2012). O mesmo autor indica que o conjunto das áreas protegidas do Burundi tem uma superfície de cerca de 13.6706,48 ha, ou seja, 5% do território. Um dos 3 parques nacionais é o Parque Nacional de Kibira (PNK), que foi selecionado como uma das florestas modelo que poderia servir de exemplo para outras florestas da sub-região no âmbito da conservação e da gestão sustentável dos ecossistemas das florestas tropicais da África Central (FAO, 2002). Trata-se, de facto, de uma das reservas florestais mais adequadas para a conservação das florestas de montanha.

O Parque Nacional de Kibira, que cobre 40 000 ha, oferece vantagens inegáveis, não só em termos de limpeza da atmosfera, como qualquer outro ecossistema florestal, mas também como uma importante torre de água para uma grande parte do Burundi. De facto, grandes rios como o Kaburantwa, o Kagunuzi, o Mpanda, o Ruvubu e o Gitenge nascem aqui (IUCN, 2011). Contém mais de 644 espécies de plantas, incluindo as utilizadas pelos seres humanos para satisfazer as suas muitas necessidades (madeira e madeira de serviço, plantas medicinais e produtos florestais não lenhosos comestíveis e não comestíveis) (Nzigidahera, 2000).

Apesar da sua importância vital para o Burundi e outros países da região, reflectida na multiplicidade dos seus bens e serviços, o Parque Nacional de Kibira é um dos ambientes florestais mais ameaçados (Habonayo e Ndihokubwayo, 2011). A atual vegetação florestal de montanha é fortemente influenciada pelas actividades humanas (Nzigidahera, 2012). As elevadas densidades populacionais nas zonas limítrofes de Kibira e a pobreza e subdesenvolvimento da população circundante estão a contribuir para a degradação gradual dos recursos do Parque.

As utilizações tradicionais na Kibira incluem a recolha de madeira morta, a colheita de madeira viva, a recolha de lixo, o corte de bambu, a produção de medicamentos tradicionais, a colheita de ervas dos pântanos, a recolha de mel e a caça (FAO, 2002). As espécies já registadas como ameaçadas de extinção incluem *Entandrophragma excelsum*, *Prunus africana*, *Symphonia globulifera* e *Hagenia abyssinica* (Nzigidahera, 2000; Habonimana *et al.*, 2007).

Para atenuar estas ameaças, o Parque Nacional de Kibira é guardado por um corpo de guardas florestais cujo principal papel é perseguir os criminosos. Este sistema não fornece qualquer informação sobre a evolução dos ecossistemas protegidos. Os relatórios produzidos não fornecem qualquer informação sobre a dinâmica da biodiversidade do Parque. A ausência de um acompanhamento contínuo da biodiversidade não permite determinar com exatidão o ritmo de desaparecimento das espécies animais e vegetais no Burundi. O OBPE (antigo INECN), em colaboração com o Instituto Real Belga de Ciências Naturais, gostaria de criar um sistema sólido de controlo das populações e das espécies nos parques nacionais do Burundi. A fim de contribuir para a criação deste sistema de acompanhamento, foi realizado um estudo intitulado "**Levantamento da vegetação do Parque Nacional de Kibira:** ***sector de Teza***".

O objetivo geral deste estudo é criar uma base de dados para monitorizar a dinâmica dos habitats, populações e espécies na gestão do Parque Nacional de Kibira.

Os objectivos específicos são:

- Realização de um inventário florístico dos diferentes locais de trabalho;
- Analisar a fisionomia da vegetação nos diferentes sítios;
- Caracterizar as caraterísticas fitogeográficas e as formas biológicas das espécies recolhidas;
- Analisar a densidade das populações nos diferentes locais estudados;
- Quantificar a folhada e calcular a área basal;
- Estabelecer a relação entre a folhada, a área basal e a densidade da madeira;
- Destacar o estado de mudança dos habitats e orientar a monitorização da sua dinâmica.

Neste trabalho, as hipóteses seguintes servirão de guia:

- Os habitats do Parque Nacional de Kibira (sector Teza) situam-se em diferentes níveis de evolução;

- As caraterísticas florísticas e estruturais variam de um habitat para outro;
- Os habitats do Parque Nacional de Kibira estão a sofrer uma evolução regressiva.

O nosso trabalho está dividido em quatro capítulos. O primeiro capítulo descreve o Parque Nacional de Kibira, o segundo aborda informações gerais sobre a dinâmica do habitat, o terceiro descreve a metodologia utilizada e o quarto apresenta os resultados e a sua discussão.

I. DESCRIÇÃO DO PARQUE NACIONAL DE KIBIRA

I.1. LOCALIZAÇÃO

O Parque Nacional de Kibira cobre 40.000 ha, tem 80 km de comprimento e nunca mais de 8 km de largura. Situa-se no noroeste do Burundi e é o principal maciço florestal do país. Ocupa a parte mais elevada da cordilheira Congo-Nilo, que se estende até ao Ruanda, até ao Lago Kivu, tomando o nome de Nyungwe (Nderagakura, 1999). O PNK atravessa quatro províncias do Burundi, nomeadamente Bubanza e Cibitoke, a oeste, e Muramvya e Kayanza, a leste. [0000]O PNK situa-se entre 2 26'52" e 3 17'o8" de latitude sul e entre 29 13'31" e 29 39'09" de longitude leste. A sua altitude varia entre 1.600 m e 2.666 m (ponto mais alto da cordilheira Congo-Nilo).

De acordo com Gourlet (1986), o PNK está dividido em quatro blocos ou sectores:

- Setor Teza: 5.794 ha (Muramvya)
- Setor Musigati: 15.424 ha (Bubanza)
- Setor Rwegura: 12 423 ha (Kayanza)
- Setor Mabayi: 6359 (Cibitoke)

O sector de Teza constitui a nossa área de estudo (Fig.1).

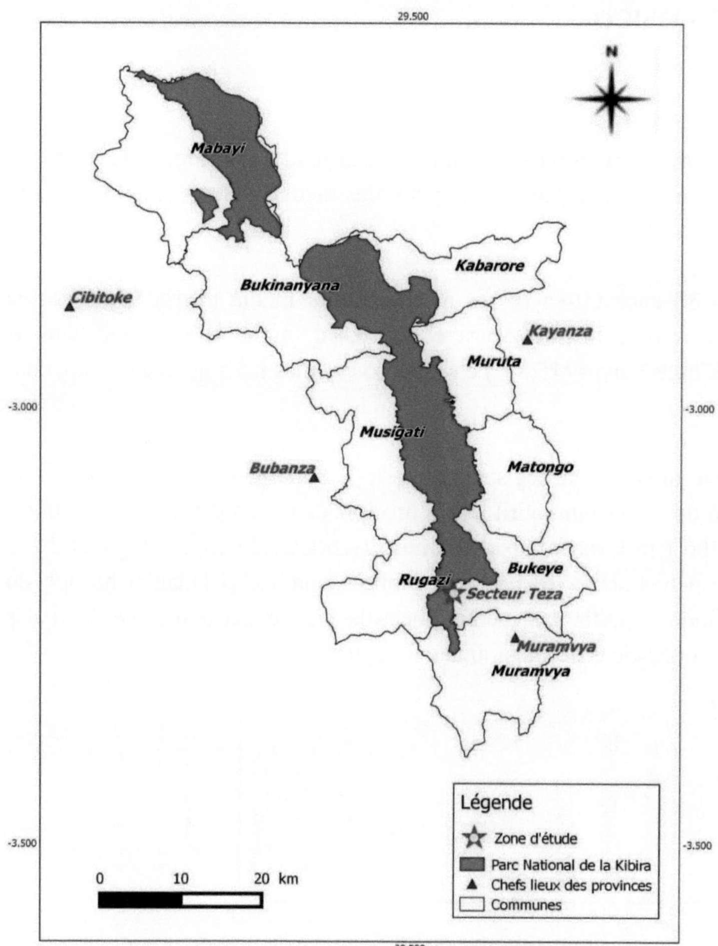

Fig. 1: Localização do Parque Nacional de Kibira (Autor)

I.2. QUADRO FÍSICO

I.2.1. Clima

O PNK tem um clima tropical de altitude com tendência temperada, marcado pelo seu carácter montanhoso. As temperaturas médias variam entre 11,7 e 21° consoante a altitude.

Nos últimos 30 anos (1984-2014), a temperatura média mensal registada na estação meteorológica de Rwegura é de 16,4°c. junho e julho registam as temperaturas mais baixas (15,85°) e setembro é o mês mais quente do ano, com uma média de 17,05°c.

A precipitação média anual registada nas estações meteorológicas de Bugarama e Rwegura é de 1.627 mm. abril tem a precipitação mais elevada (222,8 mm), enquanto julho tem a mais baixa (6,7 mm) (IGEBU, 2015). As Figuras 2 e 3 mostram, respetivamente, o diagrama umbrotérmico e o balanço hídrico do PNK construído a partir das médias mensais para o período 1984-2014 das estações meteorológicas de Bugarama e Rwegura.

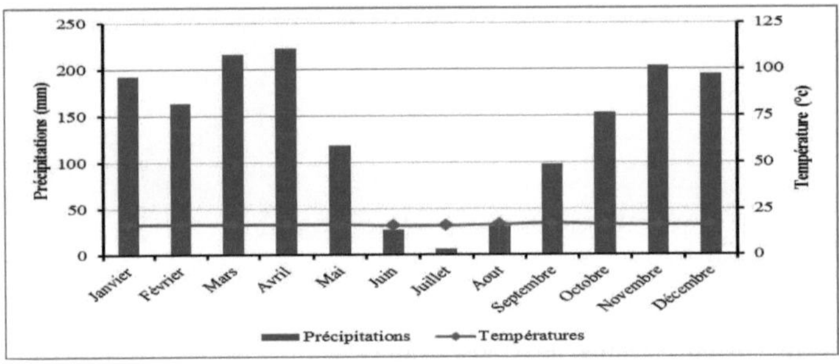

Fig. 2: Diagrama umbrotérmico do PNK construído pelo autor utilizando o modelo de Gaussen com base nas médias do período 1984-2014 das estações meteorológicas de Bugarama e Rwegura.

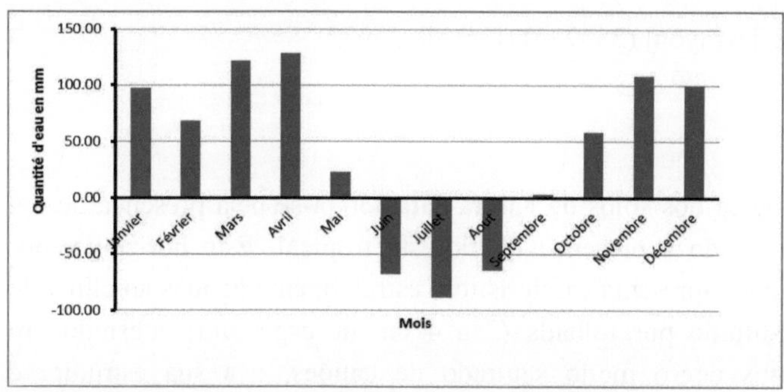

Fig.3: Balanço hídrico do PNK construído pelo autor utilizando o modelo de Gaussen com base nas médias do período 1984-2014 das estações meteorológicas de Bugarama e Rwegura.

I.2.2. Hidrografia

O PNK é considerado como a torre de água do Burundi. Muitos rios têm a sua nascente neste maciço florestal. A linha de cumeada delimita duas bacias hidrográficas comummente designadas por "Bacia do Nilo", a leste, e "Bacia do Congo", a oeste. Os riachos e rios a oeste do PNK desaguam no Rusizi (Habonayo e Ndihokubwayo, 2011). De sul para norte, os principais são os rios Ruhora, Mpanda, Gitenge e Kaburantwa.

Os riachos e rios a leste do PNK correm em direção ao planalto central (Ruvubu) e Bugesera (Kanyaru). Os principais são: Nyabibondo, Nkoma, Nyakabimbi, Kayave e Buyumpu (Habonayo e Ndihokubwayo, 2011).

I.2.3. Topografia e geomorfologia

O conjunto desta cordilheira forma um arco muito aberto que se estende na direção SSE/NNW entre Bugarama, no Burundi, e a fronteira ruandesa. O maciço continua mais a sul, de forma muito menos pronunciada e numa direção paralela ao Graben do Lago Tanganica.

O PNK é relativamente estreito no seu conjunto, mas alarga-se entre a fronteira ruandesa e Rwegura. O seu relevo é marcado por declives acentuados de ambos os lados da cordilheira Congo-Nilo, mais pronunciados no lado ocidental (Nderagakura, 1999).

Os pontos mais altos, de sul para norte, são Teza (2666 m), Musumba (2661 m),

Dusasa (2621 m) e Twinyoni (2559 m) (Lewalle, 1972).

I.2.4. Pedologia

A evolução pedológica dos solos de Kibira caracteriza-se pela presença de um horizonte húmico ligado à presença da floresta tropical. Este horizonte, por vezes muito profundo, apresenta caraterísticas estreitamente ligadas ao clima de montanha. É constituído por folhada (2 a 4 cm de espessura) cobrindo um horizonte de húmus negro muito saturado de catiões, e a sua estrutura é finamente grumosa, solta a friável (Lewalle, 1972).

O horizonte superior é constituído por húmus, mas o complexo absorvente está muito saturado e a sua estrutura é mais maciça. Por todo o lado e a diferentes profundidades, o horizonte com húmus pressiona sem descontinuidade para um horizonte maciço de densidade aparente muito baixa. Os solos florestais de montanha têm geralmente um potencial de fertilidade muito bom. São Ferrisols argilosos pesados com intrusões locais de xistos ou rochas básicas e Ferralsols argilosos humíferos (Lewalle, 1972).

Foram identificadas duas zonas de solo no Kibira: o norte de Teza é constituído por litossolos indiferenciados e de má qualidade; na região de Teza, encontram-se andossolos ricos (Cazenave-Piarrot *et al.*, 1979 citado por Habonayo e Ndihokubwayo, 2011).

I.2.5. Geologia

As muitas fácies litológicas podem ser agrupadas em quatro grupos principais (INECN, 1998 citado por Wibereho, 2010):

- **Cumes de quartzito**

Estas cristas são constituídas por uma variedade de rochas duras, dominadas por quartzitos. A lentidão da meteorização destas rochas, associada à erosão provocada pelos declives acentuados (30-60%), faz com que os principais solos encontrados sejam os litossolos e os regossolos. No máximo, há um ligeiro aprofundamento dos solos por coluvião nos pequenos talvegues ou nas zonas planas.

- **Granito e granito-gneisse**

Os granitos e os granito-gnaisses são rochas ácidas que se degradam dando origem a uma menor quantidade de argila do que as rochas básicas. A fração quartzosa, praticamente inalterável, liberta areias inertes que permanecem no local. Os feldspatos, pelo contrário, alteram-se, ainda mais rapidamente por serem pobres em sílica, e transformam-se em argilominerais que podem migrar vertical e lateralmente. Os solos sobre granito e granito-gneisse são de textura grosseira e quimicamente pobres.

- **Complexo xisto-metamórfico**

Encostado a cristas quartzíticas ou granítico-gneissicas, é constituído por avanços estruturais com declives menos acentuados, desenvolvendo-se localmente em colinas de cume arredondado. Embora irregular, a meteorização é geralmente significativa nas formações micaschistosas e os solos são profundos. O teor de argila, cerca de 50%, é bastante regular no perfil e apresenta um claro predomínio da caulinite. As fracções siltosas são compostas por filossilicatos (caulinite, moscovite) e quartzo. O quartzo e a moscovite são os únicos elementos presentes na fração arenosa.

- Depósitos aluviais

Só estão presentes no Kibira, onde uma soleira rochosa atravessa um vale com um declive longitudinal suave. Encontram-se principalmente nos vales superiores dos rios Gitenge e Mpanda (Ntibarirarana, 2002).

I.3. BIODIVERSIDADE DO PARQUE NACIONAL DE KIBIRA

I.3.1. Vegetação

Este ambiente acidentado é dominado principalmente por floresta tropical de montanha, a altitudes entre 1.600 e 2.500 m (Niyukuri, 2012). No total, sabe-se da existência de mais de 644 espécies de plantas no PNK (Nzigidahera, 2007). Segundo Lebrun (1935), citado por Lewalle (1972), podem distinguir-se três horizontes na floresta tropical de montanha, com base nos limites altitudinais e em critérios fisionómicos e florísticos:

- **Horizonte inferior (1600-1900 m)**

Um aspeto fisionómico caraterístico das florestas do horizonte inferior é a elevada densidade e o entrelaçamento dos estratos arbóreos. No estrato arbóreo superior, árvores poderosas como *Anthonotha pynaertii, Albizia gummifera, Parinari excelsa, Prunus africana e Syzygium staudtii* podem atingir 25 m de altura e têm uma copa densa e larga.

O estrato arbóreo inferior é muito variado; *a Carapa grandiflora* é localmente abundante. Grandes lianas, *Securida cawelwitschii* e *Schefflera barteri*, ocupam ambos os estratos arbóreos. A vegetação rasteira de arbustos e suffrutex é quase impenetrável em alguns locais.

As epífitas são abundantes e variadas em todos os estratos, especialmente os fetos e as orquídeas, bem como numerosos musgos e hepáticas.

- **Horizonte médio (1900-2250 m)**

Na floresta tropical montana do horizonte médio, os estratos são bastante distintos. O estrato arbóreo superior, que atinge 30 m e, por vezes, 40 m, é constituído por gigantes como *Entandrophragma excelsum*, *Prunus africana* e *Parinari excelsa*, bem como por um certo número de espécies secundárias, nomeadamente *Polyscias fulva*. O estrato arbóreo dominante é rico em espécies: *Tabernaemontana johnstonii*, *Symphonia globulifera*, *Strombosia scheffleri* e numerosas espécies secundárias, *Xymalos monospora*, *Bersama ugandensis*, *Macaranga neomildbraediana*, *Neoboutonia macrocalyx,* etc. No estrato arbustivo, *Dracaena afromontana* é particularmente comum, juntamente com *Galiniera coffeoides, Allophylus oreophilus, Rauvolfia obscura, Chasalia subochreata* e outras. As trepadeiras sobem ao topo: *Coccinia mildbraedii*, *Jasminum pauciflorum*, *Culcasia scandens*. Existem também gramíneas típicas da floresta, como *Oplismenus hirtellus, pseudechinolaena polystachya*, fetos e fetos balsâmicos. As epífitas são muito abundantes, cobrindo troncos e cepos, bem como ramos altos, principalmente fetos e licopódios, sendo as orquídeas menos numerosas em termos de espécies do que no horizonte inferior.

- **Horizonte superior (2250-2450 m)**

A floresta deste horizonte assume um aspeto que a distingue claramente da do horizonte intermédio. Com exceção de algumas árvores excepcionais de *Podocarpus milanjianus* que atingem 20 m, a copa pára geralmente nos 15 m. O estrato arbóreo inferior é pouco denso.

O estrato arbustivo é constituído por espécies especiais, como *Monanthotaxis orophila, Maytenus acuminatus e Rapanea pulchra.* A maior parte dos ramos está coberta de epífitas, mas desta vez raramente são fetos ou orquídeas, mas sim musgos e líquenes. As usneas aparecem nas zonas mais bem iluminadas. O estrato herbáceo é descontínuo e pobre em espécies.

Para além da vegetação indígena natural, foram plantadas várias espécies exóticas em blocos de plantação-tampão que cobrem cerca de 2 000 ha, e 49 ha foram plantados para enriquecer a floresta com *Entandrophragma excelsum.*

I.3.2. Fauna

De acordo com a IUCN (2011), os principais mamíferos encontrados no PNK são: Guibe de arnês (*Tragelaphus scriptus,* Bovidae), porco-do-mato (*Potamochoerus larvatus,* Suidae), duiker de dorso amarelo (*Cephalophus silvicultor*, Bovidae), duiker de fronte negra (*Cephalophus nigrifrons*, Bovidae), serval (*Leptailurus serval*, Felidae), o chacal listrado *(Canis adustus*, Canidae), o gato civeta *(Civettictis civetta*, Viverridae) e uma grande variedade de primatas, como o cercopiteco diademado *(Cercopithecus mitis dogetti*, Cercopithecidae) e o chimpanzé (*Pan troglodytes*, Homnidae). Existem também 20 espécies de insectívoros, algumas das quais endémicas. A avifauna é muito diversificada, com mais de 200 espécies.

I.4. PROTECÇÃO DO PARQUE NACIONAL DE KIBIRA

I.4.1. História da sua criação

A história da criação do PNK pode ser dividida em 6 períodos (Nzigidahera, 2000):

- Antes de 1933: Kibira era a floresta utilizada como reserva de caça pelos reis do Burundi. A população local respeitava a floresta, que considerava ter uma função mágica. As terras podem ser afectadas à agricultura pelos chefes locais. É reconhecido um direito de utilização que abrange o pastoreio e a recolha de produtos florestais (madeira e lenha, farmacopeia, apicultura, bambu e ervas dos pântanos, etc.). Os Batwa conhecem a floresta e vivem dos produtos que dela obtêm;

- ºPeríodo de 1933 a 1962: sob tutela belga, o PNK foi classificado como reserva florestal pelas autoridades belgas através do R.O.U. n.º 33/agri. de 24/05/1934. Foi plantada uma linha dupla de ciprestes para demarcar o Parque. [2]Por volta de 1960, a pressão sobre Kibira aumentou devido à elevada densidade populacional na zona circundante (cerca de 300 habitantes/km). O acesso a novas terras no Kibira foi gradualmente proibido, uma vez que a área estava ameaçada de ser totalmente desmatada para a agricultura;

- De 1962 a 1980: desde a independência do Burundi, em 1962, a reserva foi administrada pelas autoridades do Burundi (Departamento de Águas e Florestas). Nessa altura, apenas a exploração de madeiras valiosas (principalmente *Entandrophragma excelsum e Prunus africana)* era regulamentada e controlada. Dentro da área demarcada, foi abolido o direito de atribuir novas terras para cultivo. O direito de utilizar as terras de pastagem foi mantido; os direitos relativos a outros produtos foram tolerados. Muitos agricultores puderam atravessar os limites, desbravar terras e cultivar sem serem incomodados, porque o pessoal responsável pela aplicação dos regulamentos e pelo controlo dos limites era pouco e o acesso a certas partes do maciço era difícil;

- De 1980 a 1993: o Instituto Nacional para a Conservação da Natureza (INCN) foi criado para administrar as áreas protegidas, sob a supervisão direta do Presidente da República. A partir dessa altura, Kibira foi declarada Parque Nacional. Os direitos dos utilizadores deixaram de ser tolerados dentro do perímetro do Parque. O pastoreio, os fogos de pastoreio e a recolha de produtos que não a madeira morta foram proibidos. O Parque foi redefinido por uma linha dupla de pinheiros, a abertura de um trilho de vigilância perimetral e a plantação de árvores para proteger e restaurar o solo;

- De 1993 a 2000: Desde 1993, as leis e os regulamentos deixaram de ser respeitados devido à insegurança que reina no país. As autoridades locais deixaram de ser ouvidas e respeitadas. Alguns habitantes locais aproveitaram-se da situação para atravessar fronteiras, desbravar terras e plantar colheitas, abater árvores de grande porte e valor, queimar estepes e florestas, destruir plantações, caminhos e abrigos;

- °De 2000 a 2008: Em 2000, o estatuto jurídico do PNK foi estabelecido pelo decreto n° 100/007 de 25 de janeiro de 2000, que delimita um parque nacional e quatro reservas naturais. No entanto, a proteção do Parque não melhorou. A situação de guerra provocou uma destruição maciça em Bugarama e vários particulares receberam terras no Parque para a agricultura e a criação de gado. Em 2004, estes particulares abandonaram uma parte das terras de Kibira em Bugarama.

Um sistema de c o g e s t ã o das zonas protegidas pelo Estado e pelas comunidades foi introduzido pelo INECN em 2008.

°O INECN tornou-se o Office Burundais pour la Protection de l'Environnement (OBPE) em 2014 pelo decreto-lei n.° 100/240 de 29 de outubro de 2014.

I.4.2. Atributos do PNK

I.4.2.1. Atributos ecológicos

A floresta tropical da montanha de Kibira desempenha um papel fundamental na regulação do regime hídrico e na proteção contra a erosão das bacias hidrográficas em encostas íngremes.

A maior precipitação do Burundi regista-se na região de Kibira. Um grande número de rios tem a sua nascente nesta floresta (Nzigidahera 2000). A floresta fornece muitos serviços e influências que são altamente úteis na proteção do ambiente. Desempenha um papel essencial na regulação do clima e da composição da atmosfera. Diminui as temperaturas, aumenta a precipitação e atenua as flutuações meteorológicas (Nderagakura, 1999).

As florestas de montanha proporcionam também as condições essenciais para a perpetuação de uma grande variedade de espécies biológicas, muitas das quais endémicas. Nelas se encontram plantas que fornecem alimentos para os animais selvagens e para as correntes fluviais. A floresta tropical é também o habitat preferido de espécies animais ameaçadas, como o *Pantroglodytes schweinfurthii*

(Nzigidahera, 2000).

I.4.2.2. Atributos socioeconómicos

O PNK é uma fonte de abastecimento para a população local e remota. Oferece alimentos de elevado valor nutritivo e medicamentos preventivos e curativos que são apreciados pela população. As tábuas e pranchas do Kibira proporcionam um rendimento monetário considerável aos agricultores (Ndayikeza e Niyimpaye, 2007).

A floresta de Kibira proporciona condições hidrológicas e climáticas essenciais para a agricultura do país. Ajuda a prevenir inundações, deslizamentos de terras e desabamentos no interesse da agricultura de colinas e pântanos. O Kibira é uma fonte de água para as terras agrícolas em grandes zonas do país. Uma grande parte do norte do Burundi é irrigada pela água do Kibira. O PNK oferece um clima favorável à cultura do chá. Existem 3 fábricas de chá perto do Kibira: Teza, Rwegura e Buhoro. A produção de eletricidade e o desenvolvimento económico associado estão intimamente ligados à floresta de montanha do Kibira, que alimenta e mantém o fluxo das barragens. A principal barragem hidroelétrica do país, em Rwegura, no rio Gitenge, fornece atualmente 50% das necessidades de eletricidade do país (Nzigidahera, 2000).

I.4.3. Factores que dificultam a proteção do KFN

O PNK é protegido pelo papel que desempenha na estabilização dos solos, na regulação da água e do clima e na preservação da sua flora e fauna (Nshimirimana, 1994). Embora o Kibira esteja protegido desde 1933, há muito que se observam várias formas de exploração dos recursos naturais da floresta, que contribuíram para a sua degradação. A população que rodeia o PNK é numerosa e distribuída de forma desigual, o que acentua o seu impacto nos recursos do parque. As densidades populacionais mais elevadas significam que não há terra suficiente para o cultivo, o que leva a um maior recurso à limpeza das florestas. O elevado número de agregados familiares aumenta a necessidade de lenha, para a qual Kibira é frequentemente descrita como uma fonte inesgotável (Nzigidahera, 2000).

Há um corte ilegal de árvores e de outros produtos utilizados pela população circundante para medicamentos, cestaria e fabrico de todo o tipo de utensílios como portas, pirogas, cestos, etc. (Ndayikeza e Niyimpaye, 2007).

Nzigidahera (2007) salienta que o bambu *Arundinaria alpina* é um dos recursos vegetais mais procurados, particularmente na província do Kayanza. Trata-se de um dos produtos florestais não lenhosos mais importantes, utilizado para diversos fins (construção de casas, cestaria, mobiliário, instrumentos culturais, etc.). A caça também prejudica a fauna do parque. Os criadores de gado de grande porte procuram clandestinamente pastagens na Kibira e os apicultores instalam aí colmeias, provocando frequentemente incêndios durante a colheita do mel.

II. INFORMAÇÕES GERAIS SOBRE A DINÂMICA DO HABITAT

II.1. DEFINIÇÃO E OBJECTIVOS

De acordo com Salvaudon (2006), a dinâmica da vegetação é o estudo das alterações da vegetação ao longo do tempo. Abrange desde períodos muito curtos (mudanças sazonais) até períodos muito mais longos (história da vegetação).

O mesmo autor refere que os objectivos da monitorização da dinâmica da vegetação são os seguintes

- Orientar a gestão (se se conservação económica, paisagística, etc.);
- Melhorar o conhecimento da dinâmica da vegetação de uma local;
- Adquirir informações diretas sobre o património (acompanhamento de espécies vegetais e habitats naturais específicos);
- Adquirir de informação património indirectas (sobre o animais, etc.);
- Seguir um esquema experimental.

II.2. SUCESSÃO DE HABITATS

Uma caraterística fundamental dos sistemas ecológicos é o seu dinamismo. Mesmo uma observação superficial mostra que o solo nu se cobre gradualmente de vegetação e que um campo abandonado é gradualmente invadido por gramíneas, plantas perenes, depois arbustos e finalmente árvores (Guinochet, 1973 citado por Sedjar, 2012). Assim, a dinâmica natural dos grupos vegetais passa geralmente de estruturas simples a estruturas complexas. Este fenómeno de colonização de um ambiente por seres vivos e de mudança da flora ao longo do tempo é designado por "sucessão" (Sedjar, 2012). Esta sucessão ecológica prolongar-se-á durante décadas ou mesmo séculos até atingir o seu estádio final de evolução conhecido como clímax (Ramade, 2009). Segundo o mesmo autor, o clímax designa uma associação estável de espécies que caracteriza qualitativa e quantitativamente a última fase de desenvolvimento de uma biocenose numa sucessão.

Com base na foto-interpretação e nas observações efectuadas na floresta de Kibira, foi estabelecido um processo de degradação (Quadro 1). Como resultado da remoção de árvores de grande porte dos estratos superiores, a floresta tropical de montanha dos horizontes inferior e médio (floresta tropical de *Entandrophragma excelsum* e *Parinari excelsa* ssp.*holstii*) transformou-se numa floresta secundária com *Polyscias fulva* e *Macaranga kilimandscharica*. O empobrecimento considerável do estrato inferior da floresta secundária montana do horizonte superior (floresta secundária com *Syzygium parvifolium* e *Macaranga kilimandscharica*) dá lugar a uma floresta secundária com *Faurea saligna*. A remoção dos arbustos dará lugar a uma formação vegetal herbácea. A degradação da Ericaceae fruticée manifesta-se pelo desaparecimento do estrato arbustivo, dando lugar a um prado altimontano. Em caso de degradação grave, e devido à erosão, o substrato aparece e a rocha aflora. Após a degradação da vegetação e a normalização das condições ambientais, desencadeia-se o processo de recolonização. Nos horizontes inferior e médio-montano, a recolonização inicia-se com um estrato herbáceo de *Pteridium aquilinum*, que evolui para uma floresta secundária. No horizonte alto-montano, nas cristas mais expostas, onde se registou erosão e o solo se tornou superficial, a formação de prados baixos degradados pode evoluir para uma Ericaceae fruticée recolonizadora. O processo pode continuar até ao estabelecimento de florestas secundárias *de Faurea saligna*. Num ambiente rico e não erodido, a formação de recolonização evolui para uma floresta secundária com *Syzygium parvifolium* e *Faurea saligna*. Na zona afro-subalpina, a recolonização do prado altimontano ocorre com espécies como *Protea madiensis*, *Agauria salicifolia*, *Erica benguellensis* em zonas onde a rocha aflora, *Hypericum revolutum* e *Faurea saligna* em locais onde o solo ainda está presente. Habiyaremye (1995) descreve o mesmo processo evolutivo na floresta de montanha (Fig.4). Segundo este autor, o processo desde a fase pós-cultural até ao recrûs pré-florestal é bastante longo. A fase do recrudescimento pré-florestal à floresta secundária é muito rápida porque os elementos destas fases estão simultaneamente presentes no solo. Sob o manto da floresta secundária, as plantas do núcleo específico da floresta densa encontram as condições ideais para o seu crescimento (sombra, humidade, etc.).

Em geral, uma floresta densa de clímax amadurece em 40 anos.
(Habiyaremye, 1995).

Quadro 1: Evolução regressiva na floresta tropical montana (estabelecido por Nzigidahera, 2012 com base nos dados de Gourlet, 1986)

Processo de degradação: fase afro-montana	
Remoção de árvores de grande porte dos estratos superiores	• Floresta tropical de montanha dos horizontes inferior e médio (floresta tropical de *Entandrophragma excelsum* e *Parinari excelsa*). ↓ • Floresta secundária com *Polyscias fulva* e *Macaranga kilimandscharica.*
O empobrecimento considerável do estrato inferior	• Floresta secundária alto-montana (floresta secundária com *Syzygium parvifolium* e *Macaranga kilimandscharica*) ↓ • Floresta secundária com *Faurea saligna* ↓ • Formação de plantas herbáceas
Processo de degradação: fase afro-subalpina	
O desaparecimento do estrato arbustivo	• Ericaceae Fruticaceae ↓ • Prados altimontanos ↓ • Substrato e afloramento rochoso

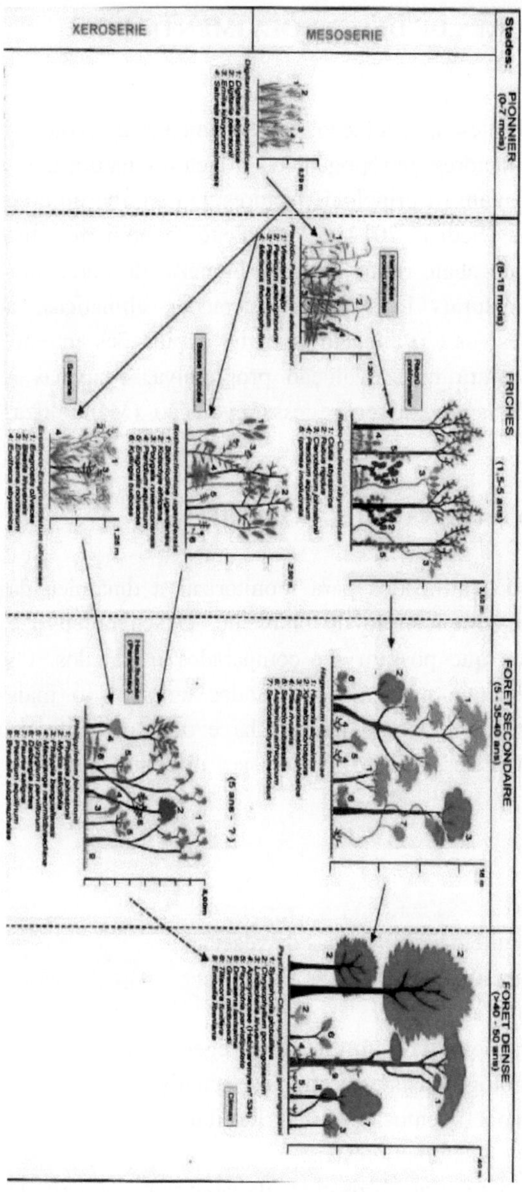

Fig. 4: Estádios fitodinâmicos coexistentes na crista do Congo-Nilo (Habiyaremye, 1995)

II.3. PRINCIPAIS FACTORES DE DESENVOLVIMENTO DOS HABITATS

Os principais factores subjacentes à evolução, especialmente à evolução regressiva, são de dois tipos: factores antropogénicos e factores naturais. Os factores antropogénicos representam os principais factores de perturbação e de regressão das séries dinâmicas (Sedjar, 2012). Com efeito, o homem actua através da remoção da lenha, do abate de árvores, da limpeza, do corte, dos incêndios, etc. Os factores naturais incluem as alterações climáticas, a intensificação dos processos erosivos e o impacto de certas populações animais (como os insectos fitófagos). Para uma evolução progressiva, é apenas a manutenção das condições ideais que assegura essa evolução (Manirakiza, 2013).

II.4. MONITORIZAÇÃO DA DINÂMICA DO HABITAT

O objetivo de todos os métodos utilizados para monitorizar a dinâmica da vegetação é poupar tempo na compreensão do ambiente. O seu objetivo é estabelecer dados normalizados que possam ser comparados e tratados. Os melhores métodos são aqueles que produzem resultados tangíveis o mais rapidamente possível, optimizando o tempo de recolha e de tratamento da informação (Salvaudon, 2006). Estes métodos podem ser divididos em duas categorias: indirectos e diretos.

- **Métodos indirectos**

São utilizados para conhecer as alterações passadas da vegetação,
ou para monitorização em grande escala. Eis alguns exemplos:

- Monitorização das alterações nas formações vegetais através da interpretação e comparação de fotografias aéreas antigas e actuais;
- Comparação dos sucessivos documentos de gestão florestal
para monitorizar os tipos de povoamentos florestais;
- Comparação de levantamentos antigos e recentes da vegetação à escala de uma dada região, para avaliar as alterações globais da flora.

- **Métodos diretos**

Trata-se de métodos de acompanhamento direto da evolução da vegetação numa área de estudo fixa e precisa, com um período de estudo adaptado ao problema.

Os pontos essenciais são os mesmos em todos os casos:

- Bom posicionamento das parcelas estudadas;
- Uma descrição simples e clara do protocolo a aplicar para evitar o enviesamento associado à mudança de operador;
- O melhor a fazer é criar um formulário de declaração a preencher com um folheto;
- Para obter resultados que possam ser utilizados quantitativamente, o número de inquéritos efectuados, o plano de amostragem e o método utilizado para registar os resultados devem permitir o tratamento estatístico,...

No Burundi, uma ficha LEM (Law Enforcement Monitoring) foi elaborada por Habiyaremye em 2012 para monitorizar a dinâmica do habitat nas áreas protegidas do país (Anexo 4). A ficha LEM descreve sucintamente o aspeto fisionómico de um habitat, identificando as espécies dominantes em cada estrato e a sua cobertura. Assim, a análise de uma ficha LEM de um habitat permite-nos ter uma ideia da sua provável evolução. Além disso, a comparação de fichas LEM elaboradas em épocas diferentes para um mesmo habitat permitirá avaliar as alterações observadas.

III METODOLOGIA

III.1. EQUIPAMENTO UTILIZADO

O equipamento utilizado é o seguinte:

- Facas para cortar espécimes para colheita,
- Serpetes para limpar o caminho e cortar as estacas utilizadas para demarcar os sítios,
- Papel de jornal e prensas para o transporte dos espécimes recolhidos,
- Cordas de nylon para a realização de quadrantes,
- Braisier para secar os espécimes colhidos,
- Sacos de plástico para proteger os espécimes da chuva,
- Pastas, cartão e tesouras para fazer um herbário,
- Câmara digital para tirar fotografias,
- Fita métrica para demarcação do local,
- Fita métrica para medir as circunferências,
- GPS para coordenadas geográficas,
- Dendrómetro Suunto para medir a altura das árvores em pé,
- Haste metálica em forma de U com 4 mm de diâmetro (ver fig. 6),
- Placa graduada para medir o tamanho dos elementos de cama.

III.2. MÉTODOS DE AMOSTRAGEM

III.2.1. Seguir o rasto ecológico

O ponto de partida para este estudo da dinâmica do habitat é o estabelecimento de um transecto permanente, considerado como um percurso ecológico ao longo do qual se observa a diversidade biológica do Parque. No início dos trabalhos, foi traçado um transecto este-oeste de 1,11 km. Este transecto, que começa perto das plantações de chá da OTB, corresponde ao transecto previamente estabelecido para a monitorização dos chimpanzés.

Atravessa vários tipos de habitat, razão pela qual foi considerado de interesse para o nosso estudo. Trata-se de um transecto permanente porque será utilizado durante vários anos para acompanhar a evolução da floresta. Além disso, outras investigações científicas podem ser realizadas ao longo do mesmo transecto.

Ao longo do transecto, foram definidos seis sítios descritos no quadro 2, com base na fisionomia e na homogeneidade florística. As coordenadas geográficas tomadas nestes sítios foram utilizadas para cartografar a sua distribuição ao longo do transecto através de uma imagem georreferenciada, como mostra a figura 5.

Quadro 2: Descrição dos sítios de estudo

Sítios	Altitude	Coordenadas geográficas	Tipos de habitat observado	Área inquirida	Acções humanas
Kaziramihunda1	2128 m	S 03°12.771' E 029°32.810'	Formação de plantas em *Macaranga kilimandscharica* e	40 m x 30 m	-
Rwahirirwa	2192 m	S 03°12.798' E 029°32.698'	Formação de plantas em *Syzygium parvifolium*	40 m x 30 m	Corte de madeira morta
Kaziramihunda 2	2169 m	S 03°12.820' E 029°32.653'	Formação fábrica à *Prunus africana*	40 m x 40 m	-
Ndubura 1	2216 m	S 03°12.908' E 029°32.414'	Matos herbáceos	30 m x 30 m	-
Ndubura 2	2260 m	S 03°12.913' E 029°32.380'	*Chrysophyllum gorungosanum*, formação de plantas *de Macaranga*	40 m x 30 m	-
Ndubura 3	2281 m	S 03°12.887' E 029°32.312'	Formação de plantas em *Symphonia globulifera* e *Chrysophyllum gorungosanum*	30 m x 30 m	-

Fig. 5: Imagem georreferenciada ilustrando o transecto traçado no sector Teza do PNK (Autor)

III.2.2. Recolha de espécimes

O trabalho de campo decorreu de 29 de abril de 2013 a 28 de junho de 2013. junho de 2013 e de 16 a 30 de dezembro de 2013.

O sítio foi subdividido em quadrantes de 10 m com recurso a estacas e cordas. Cada quadrante foi, por sua vez, subdividido em 100 quadrados de 1 m x 1 m, com as mesmas dimensões, para facilitar o inventário florístico. O inventário foi efectuado de forma sistemática, quadrado a quadrado e estrato a estrato, começando pelo estrato mais elevado.

Foram recolhidos e guardados no jornal dois exemplares de cada espécie vegetal, registando-se os seus nomes vernáculos e coberturas. Foram tiradas pelo menos duas fotografias de cada exemplar recolhido. Os espécimes de espécies não reconhecidas foram marcados com um número. Além disso, a abundância das espécies foi cuidadosamente observada em cada sítio, o que permitiu estimar a cobertura de cada espécie atribuindo-lhe um coeficiente de abundância-dominância.

Quadro 3: Coeficiente de abundância de dominância segundo Braun-Branquet (1932) citado por Lewalle (1972)

Cobertura média	Abondância	Coeficiente de ponderação
Espécies presentes	+	0,1
0-5%	1	2,5
5-25%	2	15
25-50%	3	37,5
50-75%	4	62,5
75-100%	5	87,5

III.2.3. Medições dendrométricas

Após a conclusão do abate, as circunferências das árvores em pé foram medidas com uma fita métrica a 1,30 m acima do solo para todas as árvores com uma circunferência maior ou igual a 15 cm (Malaise, 1984).

As alturas das árvores em áreas abertas foram determinadas com o dendrómetro Suunto. Para as árvores em áreas não limpas, foi utilizado um poste previamente medido para aproximar as suas alturas.

III.2.4. Quantificação do lixo

Foram utilizados dois instrumentos para quantificar a liteira presente nos diferentes locais amostrados: o primeiro consiste em dois paus sólidos ligados a uma pequena tábua para recolher a liteira (fig. 6); o segundo, que mede a dimensão dos elementos que compõem a liteira, é um pavimento com grelhas, a primeira das quais, tomada como unidade, mede 2 cm de lado. Os elementos da folhada foram recolhidos empurrando o instrumento de recolha na folhada 30 vezes em cada local, de forma aleatória. O tamanho de cada objeto foi medido aplicando-o ao solo, sendo os objectos de lixo que ocupam os níveis 1 e 2 do solo considerados pequenos e o nível 1 como lixo fino. Este método foi desenvolvido por Nzigidahera (2012).

a: Instrumento de recolha de lixo constituído por dois paus sólidos ligados a uma pequena tábua.

b: Pavimento com grelhas para medir o tamanho da ninhada

Fig. 6: Ferramentas de análise do lixo. Fotos: D. Nzoyisaba, 2013

Para cada sítio, foram registados o número e o tamanho de todos os objectos recolhidos. Todas as observações, incluindo as acções humanas e os sinais de passagem dos animais selvagens, foram registadas no nosso diário de campo e foi tirada uma fotografia do aspeto fisionómico de cada sítio. Por fim, registámos as coordenadas geográficas de cada sítio com um GPS GARMIN (precisão de 3m).

III.3. MÉTODOS DE ANÁLISE

III.3.1. Identificação de espécimes

Os espécimes foram identificados utilizando os quatro volumes de Troupin (1978-1988), *"Flore du Rwanda, Les Spermatophytes", Manuel de Botanique forestière*, Tome 1 et 2 (Letouzey, 1983), e *Botanique systématique des plantes à* fleurs (Rodolphe et *al.*, 2012). O herbário da Universidade do Burundi e o do OBPE (antigo INECN) foram consultados. Para atualizar a nossa nomenclatura, consultámos o sistema de Lubrun e Stork (Enumération des plantes à fleur de l'Afrique tropicale), em linha em http://www.ville- ge.ch/musinfo/bd/cjb/africa/ visitado em 05/02/ 2015.

III.3.2. Análise das formas biológicas

A forma biológica mostra o grau de resistência de uma espécie a condições climáticas adversas. Cada ecossistema é caracterizado pela dominância de uma forma biológica específica. A análise das formas biológicas baseou-se principalmente nos trabalhos de Lewale (1972), Habiyaremye (1995), Hakizimana (2012) e
Masharabu (2012).

De acordo com Raunkiaer (1934), citado por Hakizimana (2012), as espécies do Burundi são agrupadas nas 5 categorias seguintes:

- Fanerófitos (P): plantas cujo aparelho caulinar tem mais de
40 cm do solo de botões persistentes protegidos;
- Caméfitas (Ch): plantas com um aparelho vegetativo anão de menos de 40 cm de altura, com botões persistentes protegidos por detritos vegetais;
- Hemicriptófitos (H): indivíduos caracterizados por um aparelho vegetativo aéreo que seca completamente durante a estação má e cujos botões persistentes se desenvolvem ao nível da coroa;
- Geófitos (Geo): plantas com caules caducos, botões e rebentos jovens no solo (bolbos, rizomas e tubérculos);
- Therophytes (Th): plantas anuais que passam a época baixa como sementes.

O espetro das formas biológicas fornece informações valiosas sobre a estrutura, a fisionomia e as estratégias de adaptação da comunidade (Gillet, 2000, citado por Masharabu, 2012). O espetro biológico bruto exprime a forma como as espécies vegetais que compõem uma vegetação se distribuem entre as formas biológicas. É dado pela seguinte fórmula:

$_{i}S.B = \frac{Fi}{N} x100$

Onde

$_{i}S.B$: espetro bruto de uma determinada forma biológica;

$_{i}F$: número de vezes que as espécies de uma determinada forma biológica são em todos os inquéritos;

N: refere-se ao número total de espécies.

O espetro biológico ponderado utiliza os coeficientes de abundância-dominância de Braun-Blanquet da seguinte forma: às espécies é atribuído um coeficiente correspondente à sua abundância em cada inquérito. O número de ocorrências de cada coeficiente de abundância-dominância é então determinado para cada caraterística biológica e para todos os inquéritos, e este número é multiplicado pelo coeficiente de ponderação correspondente. Por exemplo, o número total de valores "+" será multiplicado por 0,1, enquanto o número total de valores "1" será multiplicado por 2,5, e assim sucessivamente até ao número total de valores "5", que será multiplicado por 87,5. Os valores obtidos são depois somados para cada caraterística biológica. O total geral de todos os registos é levado a 100 e as somas de cada categoria são ajustadas à percentagem (Masharabu, 2012).

O espetro biológico ponderado é dado pela seguinte expressão:

$_{i}S.P = \frac{ni}{N} x100$

Onde

$_{i}S.P$: espetro ponderado;

$_{i}s.f.$: a parte de uma forma biológica;

N: a soma das quotas de todas as formas biológicas.

III.3.3. Análise das caraterísticas fitogeográficas

Lebrun define o "elemento de base" como o conjunto de espécies caraterísticas de uma região que não transgride (ou quase não transgride) os seus limites (Troupin, 1966), citado por Hakizimana (2012). Este elemento é a expressão mais perfeita da individualidade fitogeográfica de uma dada região; pode incluir subelementos limitados a uma parte dessa região. A determinação dos elementos fitogeográficos a que pertencem as espécies identificadas forneceu informações sobre a sua área de distribuição.

Referimo-nos principalmente aos trabalhos de Lewale (1972), Habiyaremye (1995), Hakizimana (2012) e Masharabu (2012). Foram selecionados os seguintes elementos fitogeográficos

:

Espécie muito difundida:

- Pantropical (Pan): são espécies que se encontram em todas as regiões tropicais do mundo (Ásia, África, América);
- Paleotropicais (Pal): são espécies que se encontram na Ásia tropical, América, Madagáscar e Austrália;
- Pluri-regionais (Plur): espécies que se encontram amplamente distribuídas pelo globo, por vezes até em diferentes impérios florais;
- Cosmopolitas (Cos): são espécies distribuídas em regiões tropicais e temperadas.

Espécies de ligação

Trata-se de espécies distribuídas em duas ou três regiões e que partilham uma fronteira geográfica.

- L.SZ-G: Espécies presentes nas regiões da Guiné, do Sudão e do Zambeze.

Espécies montanas (Mo): São espécies cuja distribuição abrange a maior parte das montanhas de África.

Espécies Sudano-Zambezianas (SZ): São espécies distribuídas nas regiões Sudano-Zambezianas, temos:

- SZ: Espécie Sudano-Zambéziana ou omni-Sudano-Zambéziana;
- SZ (W): Espécies do Sudão-Zambézico com predominância oriental;
- SZ (Z): Espécies Sudano-Zambézicas com dominância Zambézica;
- SZ(OZ): Espécies do Sudão-Zambézico com predominância oriental e zambeziana;
- SZ (EO): Espécie sudano-zambeziana com predominância etíope e oriental;

- SZ(EOZ): Espécie Sudano-Zambeziana com predominância da Etiópia Oriental e da Zambézia.

Espécie endémica (End): distribuição limitada a África central, tal como definido por Lewalle (1972).

III.3.4. Análise facial

Estudámos a estratificação com base nas medições da altura das árvores. As medições de altura foram efectuadas em todas as árvores cujo perímetro à altura do peito (1,30 m) era superior ou igual a 15 cm. A distinção entre os diferentes estratos baseou-se na folha LEM do OBPE (antigo INECN), tal como concebida por Habiyaremye (2012). Foram selecionados os seguintes estratos:

- estrato arbóreo com árvores muito grandes (**A-TGA**): 30 m < 50 m
- estrato arbóreo com árvores de grande porte (**A-GA**): 20 m < 30 m
- estrato arbóreo constituído por árvores de pequeno e médio porte (**A-AM**): 7 m < 20 m
- estrato arbustivo (**aB**): 2 m < 7 m
- estrato subarbustivo e/ou herbáceo (**SsAH**): < 2 m

Através de uma observação cuidadosa no terreno, o coberto (a fração expressa em % da superfície ocupada pela projeção no solo dos ramos e da folhagem de cada estrato) foi estimado e atribuído a cada estrato (Manirakiza, 2013).

III.3.5. Área basal

A área basal desempenha atualmente um papel cada vez mais importante na gestão florestal. É atualmente utilizada no diagnóstico de povoamentos, no acompanhamento de itinerários silvícolas e na conceção e acompanhamento de esquemas de gestão florestal. É também utilizada para medir a intensidade da competição entre as árvores de um povoamento (Cordonnier, 2014).

Calculámos a área basal utilizando a seguinte fórmula:

$$g_i = \frac{C_i^2}{4\pi}$$

$_i^2$Onde g : área basal de uma árvore i a uma altura de 1,30 m em m /ha

$_i$c : circunferência de um tronco de árvore a 1,30 m
A área basal total foi calculada por classes de intervalos de 10 cm de circunferência e por espécies encontradas em cada sítio, utilizando a seguinte fórmula:

em que $Gi = Nix \frac{C^2}{4\pi}$ Gi: Área basal de uma classe (em m^2/ha).

C: Circunferência média numa classe

A área basal total é obtida através da soma de todas as áreas basais por classe ou espécie. A área basal de um determinado sítio é igual à soma de todas as áreas basais dos indivíduos da espécie presentes na área estudada, expressa por hectare.

As diferentes circunferências medidas foram agrupadas em classes sucessivas. Para cada sítio, foi elaborado um gráfico com a distribuição do número de caules em função das classes de perímetro.

III.3.6. Densidade do povoamento

No que respeita à densidade da madeira, o número de troncos por hectare foi estimado para cada local e para toda a área de estudo. Os diferentes troncos foram divididos em classes de circunferência com intervalos de 15 cm a 10 cm. Depois de traçar a distribuição dos troncos segundo as suas classes de perímetro, foi acrescentada uma curva de tendência logarítmica:
$y = a \ln x + b$

Em que y é o número de caules; x é a classe de circunferência i, a e b são números reais quaisquer, dependendo da distribuição dos caules, □ < 0

De facto, à medida que a circunferência aumenta, a curva assume um aspeto logarítmico, o que pode ser uma indicação de estabilidade, segundo Troupin (1966) e Bouxin (1973), citados por Bukobero (1998). [2]Para saber a que nível a tendência logarítmica é seguida pela distribuição observada, calculámos o coeficiente de determinação R entre as duas distribuições.

Para interpretar os resultados relativos à área basal, à folhada e à densidade da madeira, foi calculado o coeficiente de correlação de amostragem de Pearson.

III.3.7. Dinâmica do habitat

Para poder propor a evolução provável dos nossos sítios de estudo, as espécies que compõem os principais estratos inventariados foram destacadas com as suas alturas e coberturas respectivas. Foi estabelecida uma fórmula que caracteriza a vegetação atual de cada sítio. Tentou-se prever a evolução da formação vegetal no local com base no estado atual assim caracterizado. Esta fórmula é do tipo ABSHG, em que

A: Estrato arbóreo B: Estrato arbustivo

S: estrato arbustivo H: estrato herbáceo

G: Estrato de relva

A cada estrato foi atribuído um índice correspondente à sua cobertura, de acordo com a escala utilizada por Troupin (1966), que dá a percentagem da superfície ocupada por cada estrato (quadro 4).

Por fim, foi elaborada uma ficha LEM para registar as observações sobre a dinâmica dos habitats em cada um dos 6 sítios. Estas fichas podem ser utilizadas como referência para o acompanhamento da dinâmica dos habitats estudados.

Quadro 4: Nível de sobreposição (Troupin, 1966)

Índice	Recuperação (%)
10	91-100
9	81-90
8	71-80
7	61-70
6	51-60
5	41-50
4	31-40
3	21-30
2	11-20
1	5-10
+	<5

III.3.8. Análise dos resultados

- **Similaridade florística entre sítios**

A comparação da flora dos diferentes sítios, dois a dois, foi efectuada com base no índice de semelhança (*K*) de Sorensen (1984) citado por Hakizimana (2012). A vantagem deste índice é o facto de se adaptar a dados qualitativos, binários de presença/ausência, e de dar mais peso às espécies comuns às formações vegetais comparadas, multiplicando o seu número por dois. Não tem em conta as espécies ausentes dos dois povoamentos comparados mas presentes noutros povoamentos vizinhos. Este índice é expresso em % e os seus valores variam entre 0 e 100, respetivamente quando as duas formações vegetais comparadas têm poucas ou nenhumas espécies em comum ou quando as duas formações têm muitas espécies em comum e são, portanto, floristicamente idênticas. Estes valores são obtidos através da seguinte fórmula.

$$K = \frac{2a}{2a+b+c} \times 100$$

Onde

a: número de espécies presentes comuns aos dois sítios comparados
b e c: número de espécies ausentes num dos dois sítios comparados mas presentes no outro.

O software MVSP (MultiVariate Statistical Package) (Kovach, 2003 citado por Bangirinama, 2010) foi utilizado para detetar as dissimilaridades florísticas entre os 6 locais estudados. Optámos pelo método UPGMA (Unweighted Pair Group Method with Arithmetic mean), que tem a vantagem de atribuir o mesmo peso ("não ponderado") aos diferentes objectos comparados (levantamentos ou colinas) e é o mais utilizado (Sokal & Michener, 1958; Senterre, 2005; Bangirinama, 2010, Hakizimana, 2012). Com a técnica da análise de clusters, a matriz de dados submetida ao método é reduzida em cada etapa e cada objeto recebe o mesmo peso.

A semelhança mais elevada permite então à técnica do método escolher o agrupamento seguinte a formar. Obteve-se um dendrograma que mostra a disposição dos 6 sítios estudados.

- **Coeficiente de correlação de Pearson**

O coeficiente de correlação de Pearson (r) foi utilizado neste trabalho para medir o grau de linearidade entre duas séries de dados, sempre que necessário. O valor deste coeficiente varia entre -1,0 e 1,0, inclusive. Quanto mais o valor do coeficiente se afasta de zero, melhor é a correlação. Por exemplo, se r = +1, existe uma correlação positiva perfeita; se r = -1, existe uma correlação negativa perfeita e se r = 0, não existe qualquer correlação.

$$r = \frac{\sum(x-\bar{x})(y-\bar{y})}{\sqrt{\sum(x-\bar{x})^2 \sum(y-\bar{y})^2}}$$

em que $\bar{x}$ e $\bar{y}$ são as médias das amostras

- **Quota específica**

O grau de maturidade e estabilidade da flora nos vários locais amostrados foi estimado com base no valor do quociente de espécies
(*Q*) (Evrard, 1968 in Sonké, 1998 citado por Hakizimana *et al*, 2011) que
é obtido através da seguinte fórmula:

$Q = \frac{S}{Ge}$ em que *S* é o número de espécies identificadas em cada sítio e *Ge* o vários géneros.

IV. RESULTADOS E DISCUSSÃO

IV.1. APRESENTAÇÃO E INTERPRETAÇÃO DOS RESULTADOS

IV.1.1. Composição florística

IV.1.1.1. Considerações de carácter geral

Em toda a área de estudo, foram inventariadas 166 espécies em 132 géneros e 73 famílias, das quais 4 foram determinadas até ao nível do género (Tabela 5). Esta vegetação é largamente dominada pela classe das Dicotiledóneas (magnoliopsida) com 55 famílias (i.e. 75,34%), 108 géneros (i.e. 81,82%) e 129 espécies (i.e. 77,71%). A classe das Monocotiledóneas (liliopsida) é representada por 9 famílias (12,32%), 15 géneros (11,36%) e 18 espécies (10,84%). A classe das
As Pteridófitas compreendem 8 famílias (10,95%), 8 géneros (6,11%) e 18 espécies (10,40%). A classe das Briófitas está muito pouco representada, com 1 espécie (1,37%). De notar que 3 espécies foram determinadas até ao nível de família. Algumas das espécies recolhidas não apresentavam caraterísticas que facilitassem a sua identificação, como flores ou frutos, razão pela qual não foi possível identificar todas as espécies inventariadas. Uma lista detalhada de todas as espécies identificadas, família por família, encontra-se no Anexo 1.

As famílias mais representadas são as Rubiaceae com 14 espécies (8,43%), as Asteraceae com 8 espécies (4,82%), as Acanthaceae com
7 espécies (4,22%), Aspleniaceae com 8 espécies (4,82%), Orchidaceae e Euphorbiaceae com 7 espécies cada (4,22%) (fig. 7). As Urticaceae e Verbenaceae estão representadas por 6 espécies cada (3,61); as outras famílias estão pouco representadas, 43 das quais são monoespecíficas.

Tabela 5: Composição florística por família na área de estudo. As percentagens foram calculadas com base no total geral.

Famílias	Gêneros	%	Espécies	%
1. DICOTILEDONEAS (MAGNOLIOPSIDA)				
Acantáceas	7	5,30	7	4,22
Alangiaceae	1	0,76	1	0,60
Amaranthaceae	1	0,76	1	0,60
Anonáceas	1	0,76	1	0,60
Apocináceas	2	1,52	2	1,20
Araliaceae	2	1,52	3	1,81
Asclepiadáceas	3	2,27	3	1,81
Aspidiaceae	1	0,76	1	0,60
Asteraceae	7	5,30	8	4,82
Balsamináceas	1	0,76	4	2,41
Basellaceae	1	0,76	1	0,60
Begoniaceae	1	0,76	1	0,60
Campanuláceas	1	0,76	1	0,60
Caryophyllaceae	1	0,76	1	0,60
Celastraceae	1	0,76	1	0,60
Chrysobalanaceae	2	1,52	2	1,20
Clusiaceae	2	1,52	2	1,20
Connaraceae	1	0,76	1	0,60
Convolvuláceas	1	0,76	1	0,60
Crassuláceas	1	0,76	1	0,60
Cucurbitáceas	3	2,27	3	1,81
Euphorbiaceae	7	5,30	7	4,22
Fabáceas	5	3,79	5	3,01
Flacourtiaceae	1	0,76	1	0,60
Geranáceas	1	0,76	1	0,60
Hippocrateaceae	1	0,76	1	0,60
Lamiaceae	3	2,27	3	1,81
Malvaceae	1	0,76	1	0,60
Meliáceas	1	0,76	1	0,60
Melianthaceae	1	0,76	1	0,60
Menispermáceas	1	0,76	1	0,60
Monimiaceae	1	0,76	1	0,60
Moráceas	1	0,76	1	0,60
Myrsinaceae	2	1,52	3	1,81
Myrtaceae	1	0,76	1	0,60
Olacaceae	1	0,76	1	0,60
Oleáceas	1	0,76	3	1,81
Passifloraceae	1	0,76	1	0,60
Phytolaccaceae	1	0,76	1	0,60
Piperaceae	2	1,52	4	2,41
Polygonaceae	1	0,76	1	0,60
Ranunculáceas	2	1,52	2	1,20
Rhamnaceae	1	0,76	1	0,60
Rosáceas	2	1,52	3	1,81
Rubiáceas	11	8,33	14	8,43
Rutáceas	1	0,76	1	0,60
Sapindáceas	1	0,76	2	1,20
Sapotáceas	3	2,27	3	1,81
Solanáceas	2	1,52	2	1,20
Sterculiaceae	1	0,76	1	0,60
Theaceae	1	0,76	1	0,60
Tiliaceae	1	0,76	1	0,60
Urticáceas	5	3,79	6	3,61
Verbenáceas	1	0,76	6	3,61
Vitaceae	1	0,76	1	0,60

Total	**108**	**81,82**	**129**	**77,71**
2. MONOCOTILEDÓNEAS (LILIOPSIDA)				
Anтericáceas	1	0,76	1	0,60
Araceae	2	1,52	2	1,20
Commelinaceae	1	0,76	1	0,60
Cyperaceae	1	0,76	2	1,20
Dracaenaceae	1	0,76	1	0,60
Musáceas	1	0,76	1	0,60
Orquidáceas	5	3,79	7	4,22
Poaceae	2	1,52	2	1,20
Smilacaceae	1	0,76	1	0,60
Total	**15**	**11,36**	**18**	**10,84**
3. PTERIDÓFITOS				
Aspleniaceae	1	0,76	8	4,82
Cyatheaceae	1	0,76	2	1,20
Dennstaedtiaceae	1	0,76	1	0,60
Dryopteridaceae	1	0,76	3	1,81
Oleandraceae	1	0,76	1	0,60
Polipodiaceae	1	0,76	1	0,60
Pteridáceas	1	0,76	1	0,60
Vittariaceae	1	0,76	1	0,60
Total	**8**	**6,11**	**18**	**10,84**
4. BRYOPHYTES				
Hymenophyllaceae	1	0,76	1	0,60
Total	**1**	**0,76**	**1**	0,60
Total geral	**132**	**100,00**	**166**	**100,00**

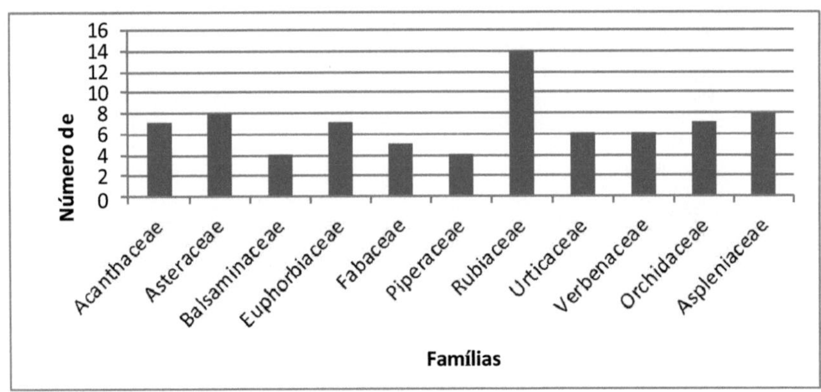

Fig. 7: As famílias mais representadas no Parque Nacional de Kibira (Setor Teza)

IV.1.1.2.Caraterísticas florísticas dos sítios de estudo

- **Riqueza florística dos diferentes sítios**

Os diferentes sítios estudados apresentam diferenças em termos de composição florística. O quadro 6 apresenta a riqueza florística de todos os sítios estudados.

- *Kaziramihunda 1 sítio*

Foram contadas 75 espécies (45,18% da flora dos sítios amostrados) divididas em 66 géneros e 53 famílias. As dicotiledóneas estão em primeiro lugar com 57 espécies, ou seja, 76%, seguidas das monocotiledóneas com 9 espécies, ou seja, 12%, as pteridófitas em terceiro lugar com 8 espécies, ou seja, 10,67%, e finalmente uma espécie de briófita, ou seja, 1,33%.

A família Rubiaceae é a mais representada com 9 espécies (12%), seguida da Piperaceae com 4 espécies (5,33%).

As Balsaminaceae e Araliaceae também estão representadas com 3 espécies (4%) cada. As outras estão pouco representadas. É de notar que este sítio é o mais fitodiverso depois de Kaziramihunda 2.

- *Sítio Web de Rwahirirwa*

Com 67 espécies, a Rwahirirwa representa 40,36% da flora dos sítios amostrados, dividida em 60 géneros e 42 famílias. As Dicotiledóneas dominam com 51 espécies (76,12%), seguidas das Monocotiledóneas com 9 espécies (13,43%) e das Pteridófitas com 7 espécies (10,45%). Não foram encontradas espécies de briófitas neste sítio. As Rubiaceae estão mais bem representadas com 8 espécies (11,94%), as Acanthaceae, Aspleniaceae, Euphorbiaceae e Myrsinaceae também estão representadas com 3 espécies (4,48%) cada.

- *Sítio Kaziramihunda 2*

Com 104 espécies (62,65% da flora dos sítios estudados) divididas em 91 géneros e 55 famílias, Kaziramihunda 2 tem muitas espécies em comparação com os outros sítios. As dicotiledóneas lideram com
76 espécies, ou 73,08%, as Monocotiledóneas vêm em segundo lugar com 15

espécies, ou 14,42%, as Pteridófitas vêm em terceiro lugar com 12 espécies, ou 11,54% e finalmente as Briófitas com 1 espécie, ou 0,96%. As Rubiaceae dominam com 10 espécies (9,62%), Urticaceae e Orchidaceae com 6 espécies (5,77%) cada, Euphorbiaceae e Fabaceae com 5 espécies (4,81%) cada, Aspleniaceae e Piperaceaee com 4 espécies (3,85%) cada.

- ***Ndubura 1 sítio***

Foram registadas 55 espécies, ou seja, 33,13% da flora de toda a área de estudo, divididas em 51 géneros e 37 famílias. As Dicotiledóneas estão em primeiro lugar com 46 espécies (83,64%), seguidas das Monocotiledóneas com 5 espécies (9,09%) e das Pteridófitas com 4 espécies (7,27%). Acanthaceae e Euphorbiaceae lideram com 4 espécies (7,27%) cada, Rubiaceae, Urticaceae e Asteraceae vêm em segundo lugar com 3 espécies (5,45%) cada. As outras estão representadas por menos de 3 espécies.

- ***Sítio Ndubura 2***

Ndubura 2 tem menos espécies do que os outros sítios. Havia 50 espécies (30,12%) divididas em 47 géneros e 34 famílias. As Dicotiledóneas dominam com 43 espécies (86%), seguidas das Pteridófitas com 5 espécies (10%) e das Monocotiledóneas com 2 espécies (4%). As Rubiaceae estão mais representadas com 6 espécies (12%), as Asteraceae com 4 espécies (8%) e as Euphorbiaceae com 3 espécies (6%). As outras famílias estão menos bem representadas, incluindo 25 espécies monoespecíficas.

- Sítio Ndubura 3

Foram registadas 55 espécies (33,13%) divididas em 52 géneros e 34 famílias. As Dicotiledóneas dominaram com 46 espécies (83,64%), seguidas das Pteridófitas com 5 espécies (9,09%) e das Monocotiledóneas com 4 espécies (7,27%). As Rubiaceae dominam com 5 espécies (9%), as Acanthaceae estão em segundo lugar com 4 espécies (7,27%), as Asteraceae, Aspleniaceae, Euphorbiaceae e Verbenaceae estão representadas por 3 espécies (5,45%) cada.

Quadro 6: Riqueza florística dos sítios estudados

Famílias \ Sítios	Kaziramihunda 1	Rwahirirwa	Kaziramihunda 2	Ndubura 1	Ndubura 2	Ndubura 3
Plantas de folha larga	**57**	**51**	**76**	**46**	**43**	**46**
Acantáceas	0	3	3	4	0	4
Amaranthaceae	1	1	1	2	1	1
Anonáceas	1	1	0	0	0	0
Apocináceas	2	2	2	0	2	2
Araliaceae	3	2	3	0	1	2
Asclepiadáceas	2	2	2	1	1	2
Aspidiaceae	0	0	1	0	0	0
Asteraceae	1	2	3	3	4	3
Balsamináceas	3	2	2	2	0	1
Basellaceae	0	0	0	1	0	0
Begoniaceae	1	1	1	1	1	0
Campanuláceas	0	1	1	0	0	0
Alangiaceae	1	0	1	0	0	1
Caryophyllaceae	0	0	0	1	0	0
Celastraceae	1	1	1	0	1	0
Chrysobalanaceae	1	0	0	0	1	2
Clusiaceae	1	1	1	0	1	1
Connaraceae	1	1	1	0	1	1
Convolvuláceas	1	1	0	0	0	0
Crassuláceas	1	0	1	0	0	0
Cucurbitáceas	2	2	2	2	1	0
Euphorbiaceae	1	3	5	4	3	3
Fabáceas	0	1	5	1	1	1
Flacourtiaceae	1	0	1	0	0	1
Geranáceas	0	0	0	1	0	0
Hippocrateaceae	0	0	0	0	1	1
Lamiaceae	1	2	1	0	1	1
Malvaceae	0	0	0	1	0	0
Meliáceas	0	0	1	0	0	0
Melianthaceae	1	1	1	0	0	0
Menispermáceas	1	1	1	1	0	0
Monimiaceae	1	1	1	0	1	1
Moráceas	1	1	1	0	1	1
Myrsinaceae	2	3	3	1	1	1
Myrtaceae	1	1	1	0	1	1
Olacaceae	1	0	0	0	1	1
Oleáceas	1	0	2	0	2	0
Passifloraceae	0	0	0	1	1	0
Phytolaccaceae	0	0	0	1	0	0
Piperaceae	4	1	4	1	1	1
Polygonaceae	0	0	0	1	0	0
Ranunculáceas	0	0	0	2	0	0
Rhamnaceae	0	0	1	0	0	0
Rosáceas	1	1	1	2	0	0
Rubiáceas	9	8	10	3	6	5
Rutáceas	1	0	0	0	1	0
Sapindáceas	1	1	1	0	1	1
Sapotáceas	1	0	1	0	2	2
Solanáceas	0	0	0	2	0	0

Sterculiaceae	0	0	0	1	0	0
Theaceae	1	1	1	0	0	0
Tiliaceae	0	1	0	1	0	0
Urticáceas	1	1	6	3	1	2
Verbenáceas	2	0	1	1	2	3
Vitaceae	1	0	1	1	0	0
Monocotiledóneas	**9**	**9**	**15**	**5**	**2**	**4**
Antericáceas	1	0	0	0	0	0
Araceae	2	1	2	1	1	2
Commelinaceae	0	0	1	0	0	0
Cyperaceae	2	2	2	1	0	0
Dracaenaceae	1	1	1	1	1	1
Musáceas	0	0	1	1	0	0
Orquidáceas	0	2	6	0	0	0
Poaceae	2	2	1	1	0	0
Smilacaceae	1	1	1	0	0	1
Pteridófitas	**8**	**7**	**12**	**4**	**5**	**5**
Aspleniaceae	2	3	5	1	2	3
Cyatheaceae	1	1	1	1	1	0
Dennstaedtiaceae	0	0	0	1	0	0
Dryopteridaceae	2	1	3	1	1	1
Oleandraceae	0	1	1	0	1	0
Polipodiaceae	1	1	1	0	0	1
Pteridáceas	1	0	1	0	0	0
Vittariaceae	1	0	0	0	0	0
Briófitas	**1**	**0**	**1**	**0**	**0**	**0**
Hymenophyllaceae	1	0	1	0	0	0
Total	**75**	**67**	**104**	**55**	**50**	**55**
%	**45,1**	**40,3**	**62,6**	**33,13**	**30,1**	**33,13**

- **Similaridade florística entre sítios**

A flora dos diferentes sítios foi comparada utilizando o índice de semelhança de Sorensen (Quadro 7). De um modo geral, os valores encontrados mostram que a maioria dos sítios tem muitas espécies comuns. De facto, o valor *K* encontrado entre certos sítios mostra que mais de 50% das espécies são comuns. É o caso de Kaziramihunda 1 e Rwahirirwa (*K* = 60,7), Kaziramihunda 1 e Kaziramihunda 2 (*K* = 62,3), Kaziramihunda 2 e Rwahirirwa (*K* = *60,7*), Kaziramihunda 1 e Kaziramihunda 2 (*K* = 62,3) e Kaziramihunda 2 e Rwahirirwa *(K = 62,3).*

(*K*=*54*,7), Ndubura 2 e Ndubura 3 (K=56,4), Kaziramihunda 2 e Ndubura 3 (K=50,9). Os sítios com poucas espécies comuns são Ndubura 1 e Ndubura 3 (*K*=*22*,4), Ndubura 1 e Ndubura 2 (K=24,5), Ndubura 1 e Kaziramihunda 1 (K=28,4).

Tabela 7: Índices de similaridade para diferentes sítios

Stes	Kaziramihunda 1	Rwahirirwa	Kaziramihunda 2	Ndubura 1	Ndubura 2	Ndubura 3
Kaziramihunda 1		60,7	62,3	28,4	48,4	49,3
Rwahirirwa			54,7	32,5	47,9	36,2
Kaziramihunda 2				32,29	45,2	50,9
Ndubura 1					24,5	22,4
Ndubura 2						56,4

A comparação da composição florística através do dendrograma (Fig. 8) revela uma clara dissimilaridade entre os diferentes sítios amostrados. São identificáveis cinco agrupamentos, o que mostra que a maioria dos sítios mantém a sua identidade. A semelhança entre a flora de Kaziramihunda 1 (floresta secundária) e a de Kaziramihunda 2 (floresta primária) resulta do facto de os dois sítios se situarem em condições ecológicas comparáveis. Ambos os sítios pertencem ao horizonte médio (Lebrun, 1935 citado por Lewalle, 1972) e estão localizados perto de vales. Pensa-se que as dissemelhanças florísticas observadas entre Ndubura 1 e os outros sítios estão ligadas à perturbação.

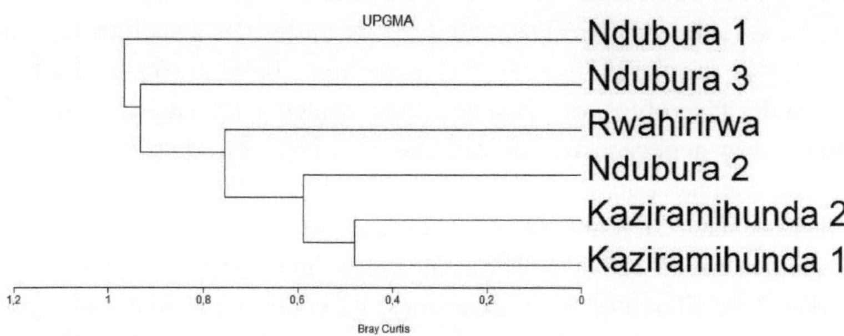

Fig. 8: Dendrograma dos sítios estudados no PNK (sector Teza)

- **Quotas específicas para diferentes sítios**

O quadro 8 apresenta os quocientes específicos (*Q*) para todos os sítios estudados. Os valores de *Q* encontrados para todos os sítios são baixos, reflectindo a maturidade da sua flora.

Quadro 8: Quocientes específicos para sítios prósperos

Sítios	Número de espécies	Número de tipos	*Q*
Kaziramihunda 1	75	66	**1.14**
Rwahirirwa	67	60	**1.12**
Kaziramihunda 2	104	91	**1.14**
Ndubura 1	55	51	**1.08**
Ndubura 2	50	47	**1.06**
Ndubura 3	55	52	**1.06**

IV.1.2. Formas biológicas

- **Aspeto geral**

De um total de 166 espécies determinadas, 127 foram analisadas quanto às formas biológicas. Após análise, verificou-se que 81 espécies são fanerófitas, ou seja, 63,8% do espetro bruto, 19 espécies são caméfitas, ou seja, 15% do espetro bruto, e as outras formas biológicas estão pouco representadas, nomeadamente geófitas (9,4%), terófitas (6%), hemicriptófitas (4%) e epífitas (2%).

No entanto, quando analisadas em relação aos espectros ponderados, estas formas biológicas mudam de ordem, ficando os fanerófitos em primeiro lugar com 93,3%, seguidos dos terófitos com 2,6%, seguidos dos caméfitos (2,2%), geófitos (1,4%), hemicriptófitos (0,3%) e epífitos (0,05%) (fig.9). Dada a importância dos fanerófitos, esta área de estudo mantém o seu carácter florestal. A proporção não negligenciável de camfitos no espetro bruto estaria ligada à estratégia de tolerância ao stress. Na nossa zona de estudo, as tensões são em grande parte de natureza luminosa no sub-bosque florestal. Os geófitos são uma forma biológica que se adapta melhor a ambientes simultaneamente stressados e perturbados. Nos diferentes locais estudados, os geófitos são dominados por espécies da família Aspleniaceae, como *o Asplenium dregeanum*, *o Asplenium elliotii*, *o Asplenium aethiopicum*, *o Asplenium mannii* e *o Asplenium friesiorum*.

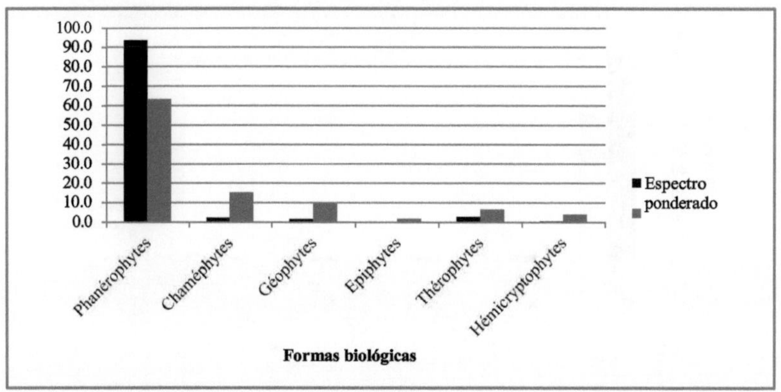

Fig. 9: Espectro bruto e ponderado das formas biológicas das espécies na zona estudo

- **Formas biológicas em diferentes locais**

\- ***Kaziramihunda 1 sítio***

Das 62 espécies para as quais foram analisadas as formas biológicas, 43 são fanerófitas, ou seja, 68,9% do espetro bruto, seguidas das caméfitas com 16,4%, das geófitas com 8,2% e finalmente das terófitas e hemicriptófitas com 3,3% cada uma. Se considerarmos os espectros ponderados, os fanerófitos estão em primeiro lugar com 91,22%, seguidos dos caméfitos com 3,22%, os terófitos e hemicriptófitos estão ao mesmo nível com 1,95% e finalmente os geófitos com 1,63% (fig.10). As proporções elevadas de fanerófitos testemunham o carácter florestal do sítio. As proporções significativas de camfitos no espetro ponderado devem-se à presença de espécies tolerantes à luz, tais como *Impatiens stuhlmannii*, *Impatiens purpureo-violacea*, *Kalanchoe crenata*, *Momordica foetida* e *Cyperus pseudoleptocladus*.

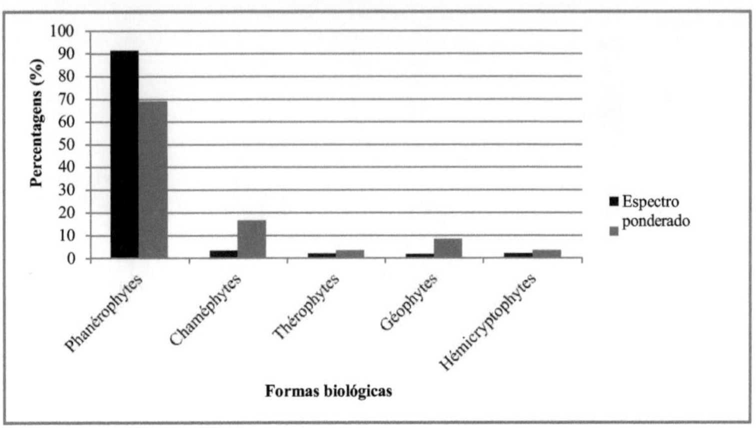

Fig. 10: Espectro bruto e ponderado das formas biológicas das espécies no sítio de Kaziramihunda 1

- ***Sítio Web de Rwahirirwa***

As proporções das formas biológicas (Fig.11) mostram que os fanerófitos (66% do espetro bruto) estão bem à frente das outras formas biológicas, que são os caméfitos (17%), os geófitos (10%), os terófitos (3%), os hemicriptófitos (2%) e os epífitos (2%). A análise dos espectros ponderados continua a colocar os fanerófitos em primeiro lugar com 76,8%, seguidos dos caméfitos (10,8%), dos terófitos (10,3%) e dos geófitos (2%). Os hemicriptófitos e as epífitas representam uma pequena parte (0,1%). A importância dos fanerófitos em relação às outras formas biológicas mostra o carácter florestal do sítio. Pensa-se que as elevadas proporções de camfitos estão ligadas à estratégia de adaptação ao stress luminoso. A importância dos terófitos no espetro ponderado e dos geófitos no espetro bruto pode fornecer informações sobre a perturbação no sítio. O sítio fica perto do caminho que liga Bukeye a Rugazi, tendo sido aí observados cortes de madeira morta.

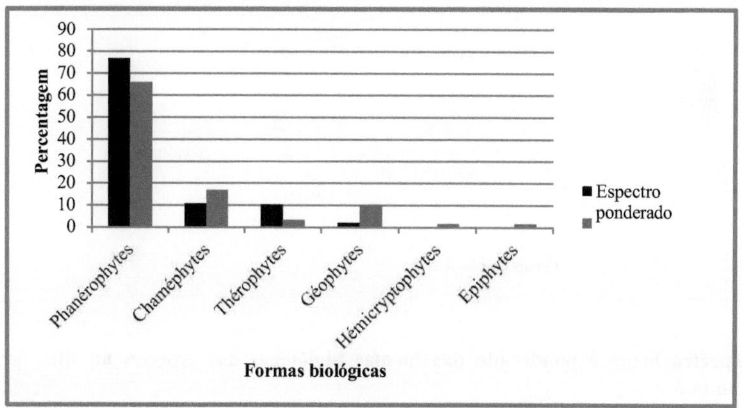

Fig. 11: Espectro bruto e ponderado das formas biológicas das espécies no sítio de Rwahirirwa

- ***Sítio Kaziramihunda 2***

A análise das formas biológicas deste sítio revela que os fanerófitos dominam (63,4% do espetro bruto), com os chamaéfitos em segundo lugar com 15,9%. Os geófitos (8,5%), os terófitos (6%), as epífitas (3,7%) e os hemicriptófitos (2,4%) também estão presentes, mas em fraca quantidade. Comparados em termos de espectros ponderados, os fanerófitos estão em primeiro lugar com 96%. Seguem-se os geófitos com 2%, depois os chamaéfitos (1%), os hemicriptófitos (0,25%), as epífitas (0,25%) e finalmente os terófitos com 0,3% (fig.12). As proporções elevadas de fanerófitos mostram que o sítio é florestado. A importância da família Aspleniaceae em Kaziramihunda 2 explicaria a elevada taxa de geófitos.

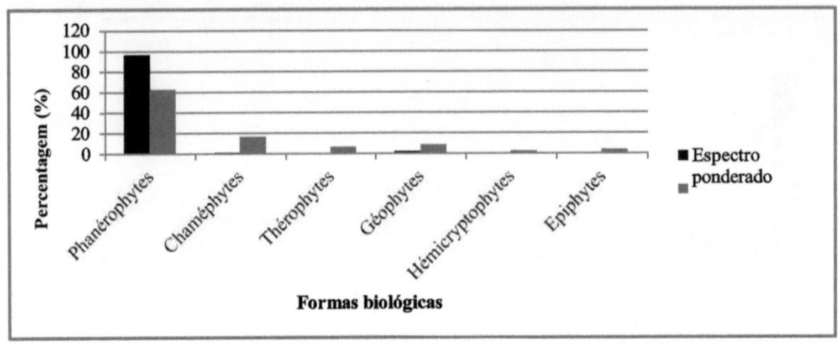

Fig. 12: Espectro bruto e ponderado das formas biológicas das espécies no sítio de Kaziramihunda 2

- ***Ndubura 1 sítio***

Em termos de espetro bruto, os fanerófitos estão em primeiro lugar com 70%, seguidos pelos chamaephytes com 13%, therophytes e geophytes com 6% e finalmente os hemicriptófitos com 5%. No que respeita ao espetro ponderado, os fanerófitos predominam (94,9% do espetro ponderado). Os terófitos (4,2%) vêm em segundo lugar. As outras formas biológicas apresentam uma taxa baixa e são os caméfitos (0,5%), os geófitos (0,2%) e os hemicriptófitos (0,2%) (Fig.13). A elevada taxa de fanerófitos sublinha o carácter florestal do sítio. A importância dos terófitos indica a existência de espécies ruderais e pós-culturais, como *Impatiens burtonii*, *Solanum nigrum* e *Pilea bambuseti*, fornecendo informações sobre perturbações anteriores no sítio.

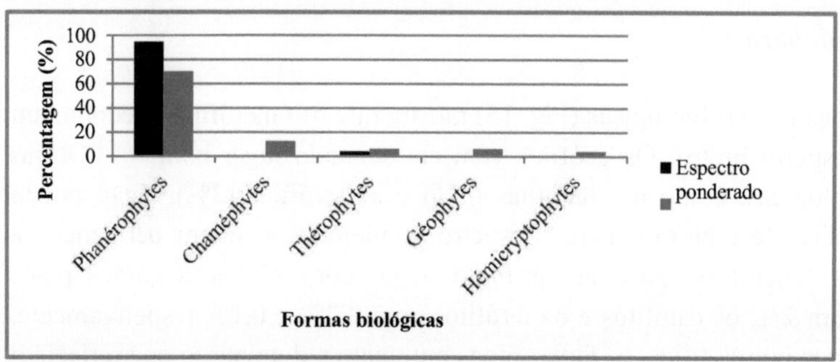

Fig. 13: Espectro bruto e ponderado das formas biológicas das espécies na Ndubura 1

- *Sítio Ndubura 2*

Em relação ao número de indivíduos que constituem as formas biológicas, os fanerófitos dominam, representando 84%. Seguem-se os caméfitos (11%) e os geófitos (5%). Quando se analisa o espetro ponderado, os fanerófitos assumem a liderança com 98,5%, enquanto os geófitos (1,3%) e os caméfitos (0,2%) apresentam proporções baixas (Fig.14). As outras formas biológicas estão ausentes do sítio, reflectindo a dominância das plantas lenhosas.

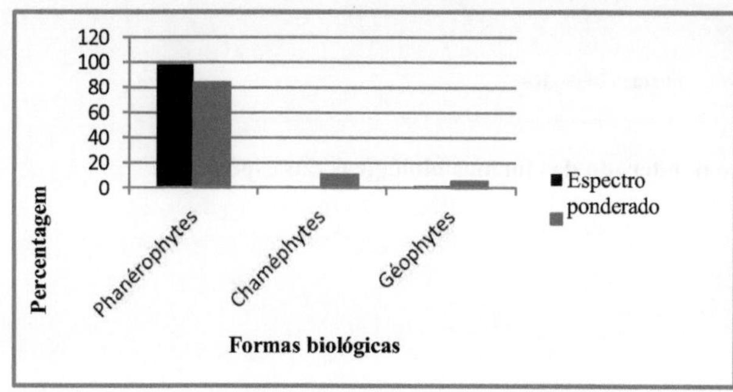

Fig. 14: Espectro bruto e ponderado das formas biológicas das espécies na Ndubura 2

- ***Sítio Ndubura 3***

A análise das formas biológicas (Fig. 15) mostra que os fanerófitos predominam (82% do espetro bruto). Os geófitos vêm em segundo lugar com 9%. Outras formas biológicas, como as chamfitas (7%) e as terófitas (2%), estão pouco representadas. Se olharmos para o espetro ponderado, a ordem permanece a mesma: os fanerófitos estão em primeiro lugar com 97,7%, seguidos pelos geófitos com 2%, os camfitos e os terófitos com 0,2% e 0,1% respetivamente. Tal como nos outros sítios, os fanerófitos continuam a dominar, o que reflecte o carácter florestal do sítio. A importância dos geófitos está ligada à presença de espécies como *Arisaema mildbraedii*, *Asplenium dregeanum*, *Asplenium elliotii* e *Loxogramme abyssinica*, que toleram a sombra.

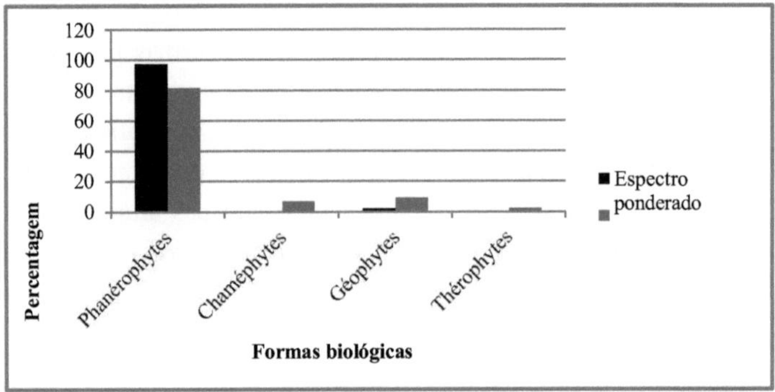

Fig. 15: Espectro bruto e ponderado das formas biológicas das espécies na Ndubura 3

IV.1.3. Caraterísticas fitogeográficas

- **Aspeto geral**

Das 166 espécies identificadas, a análise fitogeográfica foi efectuada apenas sobre 126 espécies, com base nos documentos disponíveis (Quadro 9). As espécies montanas estão em primeiro lugar com 42,7%. Destas, 66% são estritamente montanas e 34% são espécies montanas da África Oriental (Tabela 10). Isto mostra que a nossa área de estudo conserva um bom número de espécies da região afromontana em que se situa. Em segundo lugar, vêm as espécies Sudano-Zambézianas (17,7%), depois as espécies Pluri-Africanas (10,5%). As outras estão mal representadas. A baixa proporção de espécies amplamente distribuídas mostra que a nossa área de estudo é menos perturbada.

Quadro 9: Distribuição geográfica das espécies recolhidas em Kibira (Teza)

Tipos fitogeográficos	Número de espécies	%
Cosmopolitas	2	1,6
Subcosmopolitas	1	0,8
Paleotrópicos	5	3,2
Pantropicais	4	3,2
Espécies amplamente distribuídas	**12**	**8,9**
Afro-Malgaxe	8	6,5
Afro-Tropicais	6	4,8
Multi-africano	13	10,5
Espécies africanas mais difundidas	**27**	**21,8**
Mulheres de montanha	53	42,7
Sudão-Zambéziennes	23	17,7
Espécies com uma distribuição regional	**76**	**60,5**
L-SZ-G	7	5,6
Espécies de ligação	**7**	**5,6**
Endémica	**2**	**1,6**
Espécies guineenses	**2**	**1,6**
Total	**126**	**100,0**

Quadro 10: Grupos selecionados do elemento de base montana na floresta de Teza (Mo: espécies montanas; Mo(EA): espécies montanas da África Oriental)

Grupos	Número de grupos	Espectro bruto (%)
Mo	35	66
Mo(EA)	18	34
Total	**53**	**100**

- **Caraterísticas fitogeográficas de vários sítios**

- Kaziramihunda 1 sítio

No sítio Kaziramihunda 1, as espécies montanas dominam com 49,2% do total, o que coloca este sítio no domínio afromontano. Seguem-se as espécies Sudano-Zambézianas (14,8%) e as espécies Pluri-Africanas (9,8%) (quadro 11). Os outros elementos fitogeográficos estão representados a um nível baixo. A distribuição das espécies do elemento de base montana no grupo tipicamente montano (63,3%) e no grupo da África Oriental (36,7%) é apresentada no Quadro 12. Kaziramihunda 1 é, portanto, uma floresta tropical montana. A importância das espécies Sudano-Zambézianas mostra a provável perturbação do sítio.

Quadro 11: Distribuição geográfica das espécies recolhidas no sítio de Kaziramihunda 1

Tipos fitogeográficos	Número de espécies	%
Paleotrópicos	1	1,6
Pantropicais	2	3,3
Espécies amplamente distribuídas	**3**	**4,9**
Afro-Malgaxe	4	6,6
Afro-Tropicais	3	4,9
Multi-africano	6	9,8
Espécies africanas mais difundidas	**13**	**21,3**
Mulheres de montanha	30	49,2
Sudão-Zambéziennes	9	14,8
Espécies com uma distribuição regional	**39**	**63,9**
L-SZ-G	3	4,9
Espécies de ligação	**3**	**4,9**
Endémica	**2**	**3,3**
Espécies guineenses	**1**	**1,6**
Total	**61**	**100**

Tabela 12: Grupos selecionados do elemento de base montana no sítio de Kaziramihunda 1 (Mo: espécies montanas; Mo(EA): espécies montanas da África Oriental)

Grupos	Número de grupos	Espectro bruto (%)
Mo	19	63,3
Mo(EA)	11	36,7
Total	**30**	**100**

- Sítio Web de Rwahirirwa

Neste sítio, predominam as espécies montanas (57,6%), seguidas das espécies sudano-zambezianas (10,2%), das espécies pluri-africanas (6,8%) e das espécies de ligação (6,8%). As outras estão pouco representadas, como mostra o quadro 13. Entre as espécies montanas, o grupo omni-montano (Mo) domina com 58,8% em comparação com 41,2% para o grupo montano da África Oriental Mo(EA) (quadro 14). Esta distribuição fitogeográfica mostra que Rwahirirwa pertence ao domínio Afromontane.

Quadro 13: Distribuição geográfica das espécies recolhidas no sítio de Rwahirirwa

Tipos fitogeográficos	Número de espécies	%
Paleotrópicos	3	5,1
Pantropicais	2	3,4
Espécies amplamente distribuídas	**5**	**8,5**
Afro-Malgaxe	2	3,4
Afro-Tropicais	3	5,1
Multi-africano	4	6,8
Espécies africanas mais difundidas	**9**	**15,3**
Mulheres de montanha	34	57,6
Sudão-Zambéziennes	6	10,2
Espécies com uma distribuição regional	**40**	**67,8**
L-SZ-G	4	6,8
Espécies de ligação	**4**	**6,8**
Espécies endémicas	**1**	**1,7**
Total	**59**	**100**

Tabela 14: Grupos selecionados do elemento de base montana no sítio de Rwahirirwa (Mo: espécies montanas; Mo(EA): espécies montanas da África Oriental)

Grupos	Número de grupos	Espectro bruto (%)
Mo	20	58,8
Mo(EA)	14	41,2
Total	**34**	**100**

- Sítio Kaziramihunda 2

A análise da distribuição geográfica das espécies de Kaziramihunda 2 mostra que as espécies montanhosas lideram com 47,4%, seguidas das espécies sudano-zambezianas (16,7%) e das espécies pluri-africanas (14,1%). As outras estão pouco representadas (quadro 15). As espécies montanas subdividem-se no grupo omni-montano (62,2%) e no grupo montano da África Oriental (37,8%) (quadro 16). Esta distribuição fitogeográfica coloca Kaziramihunda no domínio Afromontano.

Quadro 15: Distribuição geográfica das espécies recolhidas no sítio de Kaziramihunda 2

Tipos fitogeográficos	Número de espécies	%
Subcosmopolitas	1	1,3
Paleotrópicos	1	1,3
Pantropicais	2	2,6
Espécies amplamente distribuídas	**4**	**5,1**
Afro-Malgaxe	3	3,8
Afro-Tropicais	3	3,8
Multi-africano	11	14,1
Espécies africanas mais difundidas	**17**	**21,8**
Mulheres de montanha	37	47,4
Sudão-Zambéziennes	13	16,7
Espécies com uma distribuição regional	**50**	**64,1**
L-SZ-G	4	5,1
Espécies de ligação	**4**	**5,1**
Espécies endémicas	**1**	**1,3**
Espécies guineenses	**2**	**2,6**
Total	**78**	**100**

Tabela 16: Grupos selecionados do elemento de base montana no sítio de Kaziramihunda 2 (Mo: espécies montanas; Mo(EA): espécies montanas da África Oriental)

Grupos	Número de grupos	Espectro bruto (%)
Mo	23	62,2
Mo(EA)	14	37,8
Total	**37**	**100**

- *Ndubura 1 sítio*

Neste local, as espécies montanas dominam, representando 39.1% do total, seguidas das espécies Sudano-Zambezianas (21.7%) e das espécies Pluri-Africanas (10.9%) (Tabela 17). Estas proporções mostram que Ndubura 1 está localizada na zona montana, enquanto os outros elementos fitogeográficos estão representados a um nível baixo. A distribuição das espécies no elemento de base montana em grupos tipicamente montanos (72,2%) e grupos da África Oriental (27,8%) é apresentada na Tabela 18.

Quadro 17: Distribuição geográfica das espécies recolhidas nas Ndubura 1

Tipos fitogeográficos	Número de espécies	%
Cosmopolitas	2	4,3
Pantropicais	2	4,3
Espécies amplamente distribuídas	**4**	**8,7**
Afro-Malgaxe	2	4,3
Afro-Tropicais	3	6,5
Multi-africano	5	10,9
Espécies africanas mais difundidas	**10**	**21,7**
Mulheres de montanha	18	39,1
Sudão-Zambéziennes	10	21,7
Espécies com uma distribuição regional	**28**	**60,9**
L-SZ-G	3	6,5
Espécies de ligação	**3**	**6,5**
Endémica	**1**	**2,2**
Total	**46**	**100,0**

Tabela 18: Grupos selecionados do elemento de base montana no sítio Ndubura 1 (Mo: espécies montanas; Mo(EA): espécies montanas da África Oriental)

Grupos	Número de grupos	Espectro bruto (%)
Mo	13	72,2
Mo(EA)	5	27,8
Total	**18**	**100**

- Sítio Ndubura 2

No sítio Ndubura 2, as espécies montanas dominam com 48.6% do total, seguidas pelas espécies Sudano-Zambézianas (10.8), espécies pluri-Africanas (8.1%) e espécies Afro-tropicais (8.1%). Os outros elementos fitogeográficos estão representados a uma taxa baixa (Tabela 19). A distribuição das espécies do elemento de base montana no grupo montano típico (61,1%) e no grupo da África Oriental (38,9%) é apresentada na Tabela 20. Esta distribuição geográfica coloca Ndubura 2 no domínio Afromontano.

Quadro 19: Distribuição geográfica das espécies recolhidas nas Ndubura 2

Caraterísticas fitogeográficas	Número de espécies	%
Paleotrópicos	1	2,7
Pantropicais	2	5,4
Espécies amplamente distribuídas	**3**	**8,1**
Afro-Malgaxe	1	2,7
Afro-Tropicais	3	8,1
Multi-africano	3	8,1
Espécies africanas mais difundidas	**7**	**18,9**
Mulheres de montanha	18	48,6
Sudão-Zambéziennes	4	10,8
Espécies com uma distribuição regional	**22**	**59,5**
L-SZ-G	2	5,4
Espécies de ligação	**2**	**5,4**
Espécies endémicas	**2**	**5,4**
Espécies guineenses	**1**	**2,7**
Total	**37**	**100,0**

Tabela 20: Grupos selecionados do elemento de base montana no sítio de Ndubura 2 (Mo: espécies montanas; Mo(EA): espécies montanas da África Oriental)

Grupos	Número de grupos	Espectro bruto (%)
Mo	11	61,1
Mo(EA)	7	38,9
Total	**18**	**100**

- Sítio Ndubura 3

A análise da distribuição geográfica das espécies em Ndubura 3 mostra que as espécies montanas encabeçam a lista com 60,5%, colocando o sítio no domínio Afromontano. Seguem-se as espécies Sudano-Zambezianas (14,0%) e as espécies Pluri-Africanas (9,3%). As outras estão mal representadas (Tabela 21). As espécies montanas estão subdivididas no grupo omni-montano (61,5%) e no grupo montano da África Oriental (38,5%) (Tabela 22).

Quadro 21: Distribuição geográfica das espécies recolhidas nas Ndubura 3

Caraterísticas fitogeográficas	Número de espécies	%
Paleotrópicos	1	2,3
Pantropicais	1	2,3
Espécies amplamente distribuídas	**2**	**4,7**
Afro-Malgaxe	1	2,3
Afro-Tropicais	3	7,0
Multi-africano	4	9,3
Espécies africanas mais difundidas	**8**	**18,6**
Mulheres de montanha	26	60,5
Sudão-Zambéziennes	6	14,0
Espécies com uma distribuição regional	**32**	**74,4**
L-SZ-G	1	2,3
Espécies de ligação	**1**	**2,3**
Total	**43**	**100**

Tabela 22: Grupos selecionados do elemento de base montana no sítio de Ndubura 3 (Mo: espécies montanas; Mo(EA): espécies montanas da África Oriental)

Grupos	Número de grupos	Espectro bruto (%)
Mo	16	61,5
Mo(EA)	10	38,5
Total	**26**	**100**

IV.1.4. Caraterísticas estruturais

- **Fisionomia de diferentes sítios**

De um modo geral, podem distinguir-se cinco estratos no sector Teza do PNK: o estrato arbóreo superior (30-50 m), o estrato arbóreo médio (20-30 m), o estrato arbóreo inferior (7-20 m), o estrato arbustivo (2-7 m) e o estrato subarbustivo e/ou herbáceo (0-2 m). A cobertura e as espécies caraterísticas de cada estrato variam consoante os locais de estudo.

- Kaziramihunda 1 sítio

Quatro estratos destacam-se no sítio Kaziramihunda 1: o estrato arbóreo médio (20-30 m) é representado por *Polyscias fulva*, *Macaranga kilimandscharica*, *Tabernaemontana johnstonii*, *Sapium ellipticum*, *Syzygium parvifolium* e *Magnistipula butayei.* A cobertura média deste estrato é estimada em 70%, com uma altura média de 25 m.

O estrato arbóreo inferior (7-20 m) é caracterizado por *Galiniera saxifraga*,

Tabernaemontana johnstonii, *Myrianthus holstii*, *Xymalos monospora*, *Syzygium parvifolium*, *Macaranga kilimandscharica*, *Bersama abyssinica*, *Strombosia scheffleri*, *Symphonia globulifera*, etc., com uma altura média de 13 m. A cobertura média é estimada em 80%. Os dois estratos anteriores impedem a penetração de uma grande quantidade de luz até ao nível do solo, o que reduz a pobreza específica dos estratos inferiores.

O estrato arbustivo (2-7 m) inclui principalmente *Lindackeria kivuensis*, *Cyathea manniana*, *Alchornea hirtella*, *Rauvolfia mannii*, *Dracaena afromontana*, *Chassalia subochreata*, *Tabernaemontana johnstonii*, *Myrianthus holstii*, *Galiniera coffeoides*, *Macaranga kilimandscharica*, *Strombosia scheffleri*, *Symphonia globulifera*, etc., com uma altura média de 5 m e um coberto médio de 30%.

Com uma cobertura média de 10%, o estrato arbustivo e/ou herbáceo (0-2 m) é sufocado pelos três estratos precedentes devido à privação de luz e à abundância de folhada. A altura média é estimada em 0,7 m. Espécies como *Sericostachys scandens*, *Xymalos monospora*, *Syzygium parvifolium*, *Strombosia scheffleri*, *Galiniera coffeoides*, *Asplenium elliotii*, *Asplenium sandersonii*, *Kalanchoe crenata*, *Dracaena afromontana*, *Impatiens burtonii*, *Impatiens purpureo-violacea*, *Impatiens stuhlmannii*, *Symphonia globulifera*, etc., representam este estrato.

Situado a uma altitude de 2128 m, o sítio Kaziramihunda 1 faz parte do horizonte médio. O estrato arbóreo superior, constituído por árvores gigantes, foi eliminado, e árvores como *Entandrophragma excelsum*, *Prunus africana* e *Parinari excelsa*, que foram registadas neste horizonte, são praticamente inexistentes nesta formação vegetal. Trata-se, portanto, de uma floresta tropical de montanha degradada. A figura 16 mostra a fisionomia do sítio Kaziramihunda 1.

Fig. 16: Aspeto fisionómico do sítio Kaziramihunda 1 Foto: D. Nzoyisaba, 2013

- Sítio Web de Rwahirirwa

A análise estrutural deste sítio mostra a existência de quatro estratos: o estrato arbóreo superior (30-50 m) é essencialmente representado por uma única espécie, *Syzygium parvifolium*. A cobertura deste estrato é estimada em 20%, com uma altura de 35 m.

O estrato arbóreo inferior (7-20 m) atinge uma altura de 14 m e cobre 50% do solo. É composto principalmente por *Symphonia globulifera*, *Galiniera coffeoides*, *Psychotria palustris*, *Xymalos monospora*, *Syzygium parvifolium*, *Macaranga kilimandscharica*, *Dracaena afromontana*, *Coccinia mildbraedii*, etc. Este estrato contém também lianas, nomeadamente *Schefflera goetzenii*, *Schefflera abyssinica*, *Embelia schimperi* e *Embelia libeniana*, bem como muitas epífitas.

O estrato arbustivo (2-7 m) é constituído principalmente por *Psychotria palustris, Alchornea hirtella, Virectaria major, Allophylus chaunostachys, Chassalia subochreata, Embelia Schimperi, Schefflera abyssinica, Schefflera goetzenii, Dracaena afromontana, Symphonia globulifera*, etc., com uma altura média de 5 m e uma cobertura média de 15%. Neste sítio, *Mimulopsis solmsii* forma tufos que atingem, nalguns locais, uma altura de 5 m.

O subestrato arbustivo e/ou herbáceo (0-2 m) é composto principalmente *por Asplenium aethiopicum, Asplenium elliotii, Rourea thomsonii, Impatiens burtonii, Impatiens purpureo- violacea, Virectaria major, Syzygium parvifolium, Cyperus* sp, *Begonia meyeri-johannis, Smilax anceps, Tabernaemontana johnstonii*, etc., intercaladas por Rubiaceae jovens, nomeadamente *Chassalia subochreata* e *Galiniera coffeoides*, com menos de 2 m de altura. A cobertura média deste estrato é estimada em 80%.

O sítio de Rwahirirwa faz parte do horizonte médio a uma altitude de 2192 m. Trata-se de uma floresta secundária de montanha caracterizada pela presença frequente de *Syzygium parvifolium* e *Macaranga kilimandscharica*. A figura 17 mostra a fisionomia do sítio de Rwahirirwa.

Fig. 17: Aspeto fisionómico do sítio de Rwahirirwa. Foto: D. Nzoyisaba, 2013

- Sítio Kaziramihunda 2

Este sítio é composto por cinco estratos, com muitas árvores de grande porte cujas copas permitem uma grande penetração de luz, favorecendo assim a diversidade florística no estrato herbáceo. Esta boa penetração de luz justifica também a grande diversidade florística em relação aos outros sítios.

O estrato arbóreo superior (30-50 m) inclui *Prunus africana, polyscias fulva* e *syzygium parvifolium*, com uma altura média de 35 m e uma cobertura arbórea estimada em 40%.

O estrato arbóreo médio (20-30 m) é composto principalmente por *Prunus africana, Polyscia fulva, Syzygium parvifolium, Tabernaemontana johnstonii, Myrianthus holstii* e algumas lianas como *Schefflera goetzenii, Urera hypselodendron, Mimosa montana* e muitas outras, e a sua cobertura é de 50%. A altura média deste estrato é de 25 m.

O estrato arbóreo inferior (7-20 m) atinge uma altura de 13 m e cobre 25% do solo. É composto principalmente por *Myrianthus holstii, Tabernaemontana johnstonii, Xymalos monospora, Prunus africana, Dracaena afromontana, Syzygium parvifolium, Magnistipula butayei*, etc.

O estrato arbustivo, até 4 m de altura com uma cobertura de 25%, é representado por *Piper capense, Chassalia subochreata, Symphonia globulifera, Galiniera coffeoïdes, Strombosia scheffleri, Dracaena afromontana, Myrianthus holstii, Psychotria palustris, Clerodendrum Sp*, etc.

O estrato arbustivo e/ou herbáceo, que atinge uma altura média de 0,8 m, é diverso mas menos denso, com uma cobertura de cerca de 50%, e compreende principalmente *Chassalia subochreata, Rourea thomsonii, Gynura scandens, Myrianthus holstii, Sericostachys scandens, Urera hypselodendron, Symphonia globulifera, Galiniera coffeoïdes, Setaria megaphylla, Asplenium dregeanum, Asplenium elliotii, Asplenium glamosum.*

Situado a uma altitude de 2169 m, o Kaziramihunda 2 pertence ao horizonte médio. No estrato arbóreo superior podem ser observadas árvores gigantes de *Prunus africana*. Trata-se de uma floresta primária de montanha, mas a ausência de indivíduos de *Entandrophragma excelsum* e *Parinari excelsa* no estrato arbóreo superior pode indicar alguma degradação. A Figura 18 mostra a fisionomia do sítio Kaziramihunda 2.

Fig. 18: Aspeto fisionómico do sítio de Kaziramihunda 2. Foto: D. Nzoyisaba, 2013

- *Ndubura 1 sítio*

O sítio Ndubura 1 é sadratificado. Os estratos arbóreos superior e médio não estão representados. O estrato arbóreo inferior (7-20 m) é constituído por árvores que atingem uma altura média de 15 m e é menos diversificado, com apenas
2 espécies *Neoboutonia macrocalyx* e *Dombeya goetzenii*. A cobertura média é estimada em 1%.

O estrato arbustivo (2-7 m), menos denso (5% de cobertura), é constituído por alguns *Brillantaisia cicatricosa*, *Gynura scandens*, *Rubus pinnatus*, *Clerodendrum johnstonii*, *Discopodium penninervium*, *Triumfetta cordifolia* e *Neoboutonia macrocalyx*. *Ensete ventricosum* é uma das espécies caraterísticas deste sítio, com indivíduos gigantes que atingem uma altura de 3 m. Este estrato atinge uma altura média de 3 m.

O estrato arbustivo e/ou herbáceo (0-2 m) é denso mas também diversificado (cobertura média estimada em 100%). Atinge uma altura média de 1,5 m. É representado principalmente por *Anisosepalum humbertii*, *Solanum nigrum*, *Urera hypselodendron*, *Piper capense*, *Brillantaisia cicatricosa*, *Gynura scandens*, *Rubus pinnatus*, *Pteridium aquilinum*, etc.

Ndubura 1 é descrito como um matagal pré-florestal. A figura 19 mostra a fisionomia do sítio de Ndubura 1.

Fig.19: Aspeto fisionómico do sítio de Ndubura 1 Foto: D. Nzoyisaba, 2013

- *Sítio Ndubura 2*

Foram identificados cinco estratos neste sítio. O estrato arbóreo superior (30-50 m) inclui *Chrysophyllum gorungosanum*, *Strombosia scheffleri* e *Synsepalum attenuatum*, com uma altura média de 35 m e uma cobertura estimada em 50%.

O estrato arbóreo médio (20-30 m) é composto principalmente por *Macaranga kilimandscharica*, *Chrysophyllum gorungosanum*, *Myrianthus holstii*,

Tabernaemontana johnstonii, *Strombosia scheffleri* e *Polyscias fulva*, com uma cobertura de 30%. As espécies que compõem este estrato atingem uma altura média de 25 m.

O estrato arbóreo inferior (7-20 m) atinge uma altura de 12 m e cobre 30% do solo. É composto principalmente por *Myrianthus holstii*, *Xymalos monospora*, *Symphonia globulifera*, *Alchornea hirtella*, *Tabernaemontana johnstonii*, *Macaranga kilimandscharica*, *Chrysophyllum gorungosanum*, *Strombosia scheffleri* e *Synsepalum attenuatum.*

O estrato arbustivo, até 4 m de altura e com uma cobertura de 15%, é representado por *Strombosia scheffleri*, *Tabernaemontana johnstonii*, *Symphonia globulifera*, *Chassalia subochreata*, *Alchornea hirtella*, *Macaranga kilimandscharica*, *Dracaena afromontana*, *Rauvolfia mannii* e outras.
O estrato arbustivo e/ou herbáceo, que atinge uma altura média de 0,5 m, é menos denso e menos diversificado, com uma cobertura de cerca de 15%. As copas das árvores não permitem a penetração de muita luz no solo, o que enfraquece cada vez mais este estrato. É constituído principalmente por *Alchornea hirtella*, *Sericostachys scandens*, *Gynura scandens*, *Myrianthus holstii*, *Chrysophyllum gorungosanum*, *Chassalia subochreata*, *Asplenium elliotii*, *Asplenium mannii*, *Dracaena afromontana* e *Galiniera coffeoides.*

Ndubura 2 faz parte do horizonte superior e pode ser descrita como floresta primária de montanha. A figura 20 mostra a fisionomia do sítio de Ndubura 2.

Fig. 20: Aspeto fisionómico do sítio de Ndubura 2 Foto: D. Nzoyisaba, 2013

- ***Sítio Ndubura 3***

Este sítio tem pouco estrato herbáceo e é constituído por árvores com uma altura inferior a 10 metros.

altura considerável. Foram identificados cinco estratos:

O estrato arbóreo superior (30-50 m) é marcado por grandes árvores de *Symphonia globulifera, Strombosia scheffleri* e *Chrysophyllum gorungosanum* com circunferências até 308 cm. O coberto arbóreo é de 65%, com uma altura média de 35 m.

O estrato arbóreo médio (20-30 m) é dominado por *Macaranga kilimandscharica, Chrysophyllum gorungosanum, Strombosia scheffleri, Tabernaemontana johnstonii, Xymalos monospora, Myrianthus holstii* e *Symphonia globulifera*, com uma altura média de 25 m e uma cobertura arbórea estimada em 50%.

O estrato arbóreo inferior (7-20 m) é constituído principalmente por *Macaranga kilimandscharica, Neoboutonia macrocalyx, Tabernaemontana johnstonii, Chrysophyllum gorungosanum, Myrianthus holstii, Symphonia globulifera* e

Xymalos monospora, com uma cobertura média estimada em 20%. A altura média deste estrato é estimada em 15 m.

O estrato arbustivo (2-7 m), até 5 m de altura, é dominado por *Chrysophyllum gorungosanum*, *Myrianthus holstii*, *Symphonia globulifera*, *Strombosia scheffleri*, *Chassalia subochreata* e *Xymalos monospora*. É menos diversificada, com uma cobertura média de 60%.

O estrato arbustivo e/ou herbáceo (0-2 m) atinge uma altura média de 0,8 m. As espécies dominantes neste estrato são: *Mimulopsis solmsii*, *Asplenium dregeanum*, *Asplenium elliotii*, *Asplenium glamosum*, *Hypoestes forskalei*, *Sericostachys scandens*, *Chassalia subochreata*, *Rauvolfia manni*, *Strombosia scheffleri* e *Tabernaemontana johnstonii*. A cobertura média deste estrato é estimada em 30%.

Esta fisionomia permite-nos classificar Ndubura 3 como uma floresta primária de montanha. A figura 21 mostra a fisionomia do sítio de Ndubura 3.

Fig. 21: Aspeto fisionómico do sítio de Ndubura 3. Foto: D. Nzoyisaba, 2013

- **Distribuição dos caules por classe de circunferência**

- *Kaziramihunda 1 sítio*

Neste local, foram feitas medições de circunferência em 278 caules, dos quais 103 caules (37%) tinham circunferências concentradas na faixa de 15 a 24 cm. Nesta faixa, *Tabernaemontana johnstoni* predominou com 22 caules. A faixa de 25 a 34 cm possui 68 caules, dos quais 27 caules (39,7%) são de *Macaranga kilimandscharica*. A classe com as maiores circunferências é [215-225[, representada por um indivíduo de *Polyscias fulva*. [2]O coeficiente de determinação (R = 0,89) é muito elevado, o que pode ser devido à existência de condições naturais favoráveis à regeneração da floresta nos últimos anos para as espécies observadas. Isto mostra que o sítio é estável.

O número de caules por hectare é mais elevado em Kaziramihunda 1 (2317 caules/ha), indicando que se trata de uma floresta densa. A Figura 22 mostra a distribuição do número de caules por classe de circunferência. Os pormenores sobre as espécies e o número de caules medidos por classe são apresentados no Quadro 1 do Apêndice 3.

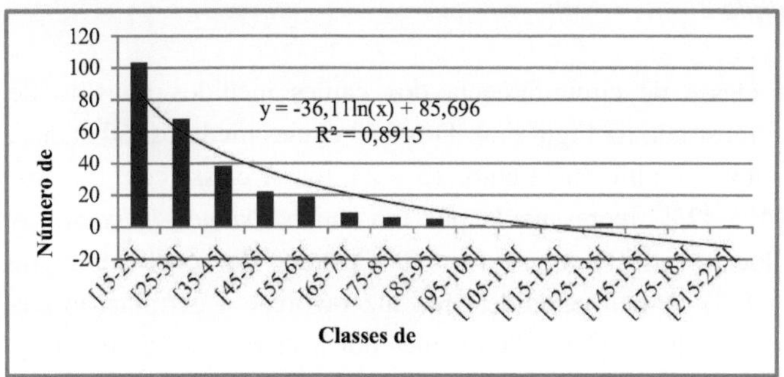

Fig. 22: Distribuição do número de caules por classe de circunferência no sítio Kaziramihunda 1.

- ***Sítio Web de Rwahirirwa***

Dos 147 caules medidos, 41 caules, ou 28%, tinham uma circunferência entre 35 e 44 cm. A classe [15-25[tem apenas 27 caules, e a classe com a maior circunferência é [265-275[, representada por um único *Syzygium parvifolium*.

[2]O coeficiente de determinação R é igual a 0,71, o que mostra que o sítio é estável. [2]Foi observado um abate de madeira morta de cerca de 2 m. O número de caules é estimado em 1225 caules/ha, o que mostra que Rwahirirwa é menos denso do que Kaziramihunda 1. A Figura 23 mostra a distribuição do número de caules por classe de circunferência. Os pormenores das espécies e o número de caules por classe de circunferência são apresentados no Quadro 2 do Apêndice 3.

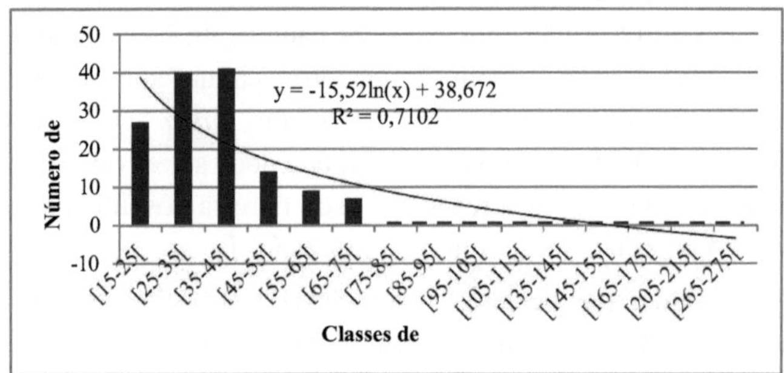

Fig. 23: Distribuição do número de caules por classe de circunferência no sítio de Rwahirirwa

- *Sítio Kaziramihunda 2*

A distribuição da classe de circunferência dos caules medidos no sítio de Kaziramihunda 2 é mostrada na Figura 24. Dos 170 caules medidos, 60 caules, ou 35,3%, tinham uma circunferência entre 15 e 24 cm. A classe com a maior circunferência é [415-425[, representada por um único *Prunus africana*. [2]A estabilidade do local reflecte-se no valor elevado do coeficiente de determinação (R = 0,8). A boa penetração da luz favorece a germinação das sementes das árvores maduras. Com 1063 caules por hectare, a Kaziramihunda 2 também é densa. No entanto, Kaziramihunda 2 é menos denso do que os sítios Kaziramihunda 1 e Rwahirirwa.

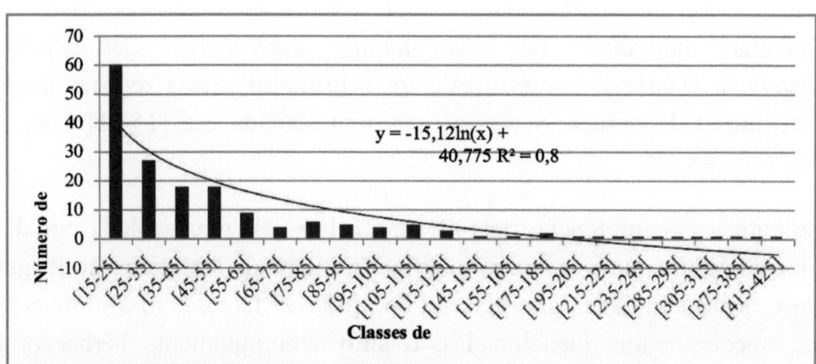

Fig. 24: Distribuição do número de caules por classe de circunferência no sítio de Kaziramihunda 2.

- *Ndubura 1 sítio*

Com alguns indivíduos de *Neoboutonia macrocalyx*, *Discopodium penninervium* e *Dombeya goetznii*, este foi o primeiro sítio a registar menos caules medidos (31 caules). A classe mais representada é a [15-25[com 15 caules, ou seja, 48,4%.

A classe com a circunferência mais elevada é [85-95[, representada por dois indivíduos de *Neoboutonia macrocalyx*. [2]O coeficiente de determinação R igual a 0,6 atesta a instabilidade da vegetação do sítio. De facto, com a eliminação das três espécies acima mencionadas, o sítio será puramente herbáceo. O número de caules é estimado em 344 caules/ha, o que faz de Ndubura o menos denso em comparação com os outros sítios. A distribuição em classes de circunferência dos caules medidos no sítio de Ndubura 1 é apresentada na Figura 25.

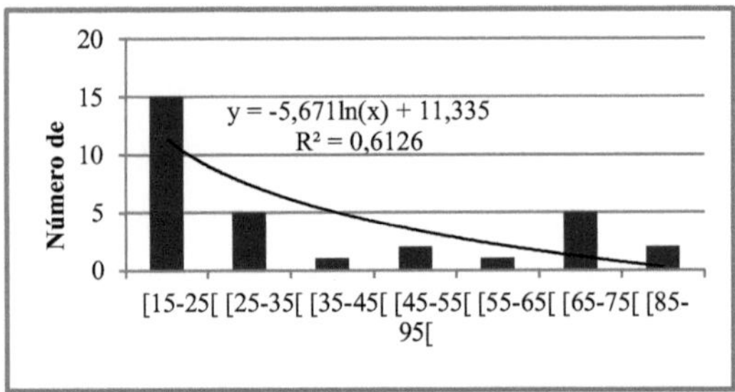

Fig. 25: Distribuição do número de caules por classe de circunferência no Ndubura1

- ***Sítio Ndubura 2***

A figura 26 mostra a distribuição do número de caules por classe de circunferência. De um total de 108 caules medidos, 66 caules, ou seja 61%, têm uma circunferência que varia de 15 a 34 cm. A classe [15-25[representa sozinha 50% dos caules medidos. As classes com árvores com as maiores circunferências são [255-265[e [265- 275[, cada uma representada por 1 indivíduo *de Chrysophyllum gorungosanum*. [2]O coeficiente de determinação R é igual a 0,55, o que mostra que a vegetação do sítio não é estável. O número de caules foi estimado em 900 caules/ha, o que prova que Ndubura 2 é menos denso.

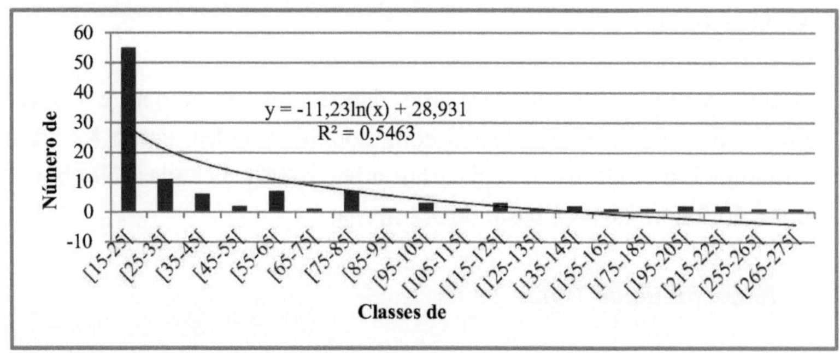

Fig. 26: Distribuição do número de caules por classe de circunferência no Ndubura 2

- Sítio Ndubura 3

A distribuição das classes de perímetro do caule medidas no sítio de Ndubura 3 é mostrada na Figura 27. Dos 97 caules medidos, 48 caules, ou 49,5%, tinham uma circunferência entre 15 e 34 cm. A classe com a maior circunferência é [305-315[, que é representada por uma única *Symphonia globulifera*. ^{2}O coeficiente de determinação R é de 0,75, o que demonstra a estabilidade do sítio. O número de caules foi estimado em 1078 caules/ha, mostrando que Ndubura 3 é mais denso do que Ndubura 2, Ndubura 1 e Kaziramihunda 2, mas menos denso do que Kaziramihunda 1 e Rwahirirwa.

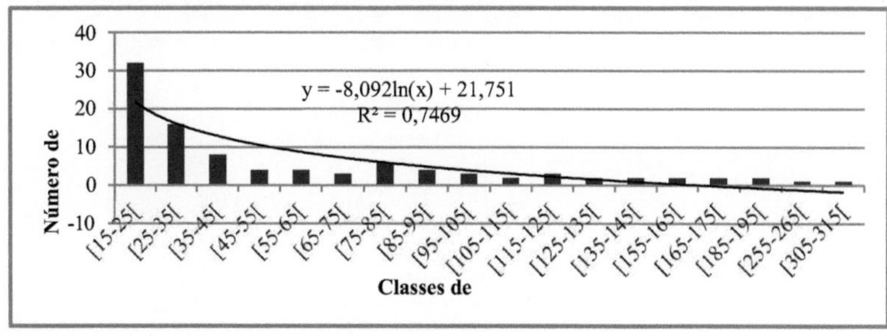

Fig. 27: Distribuição do número de caules por classe de circunferência no Ndubura 3

- **Área basal**

A área basal varia de sítio para sítio, dependendo do número e da circunferência das árvores medidas. Os locais com troncos grandes, como Kaziramihunda 2, Ndubura 2 e Ndubura 3, registaram áreas basais elevadas. Ndubura 1 registou um valor baixo de área basal de 5,2 m^2/ha.

- ***Kaziramihunda 1 sítio***

A Tabela 23 mostra a área basal em m^2/ha dos troncos medidos. A área basal do sítio Kaziramihunda 1 é de 38 m^2/ha, o que mostra que se trata de uma floresta húmida densa. *Macaranga kilimandscharica* encabeça a lista com 23,8% da área basal total, seguida por *Xymalos monospora* com 14,9%, *Polyscias fulva* com 14,6% e *Tabernaemontana johnstonii* com 13,6%. Outras espécies estão pouco representadas.

Tabela 23: Área basal em m²/ha de acordo com as classes de circunferência no sítio Kaziramihunda 1

Classes de circunferência	*Macaranga kilimandscharica*	*Tabernaemontana johnstonii*	*Xymalos monospora*	*Galiniera coffeoides*	*Psychotria palustris*	*Magnistipula butayei*	*Rytigynia Kivuensis*	*Dracaena afromontana*	*Bersama abyssinica*	*Polyscias fulva*	*Lindackeria kivuensis*	*Chassalia subochreata*	*Indústria*	*Shirakiopsis elliptica*	*Myrianthus holstii*	*Syzygium parvifolium*	*Cyathea sp*	*Total em Cm²*	*Gi em m²/ha*	*%*
[15-25[	391,8	709,8	315,5	574,8	231,8	77,4	223,9	31,8	45,9	0	46	20,4	0	0	133,8	92,3	87,9	**2983,1**	**2,49**	**6,5**
[25-35[	1757,1	1299,3	517,4	214,9	99,5	81,5	67,0	76,5	0,0	0	0	0	71,7	0	178,7	76,5	219,7	**4659,8**	**3,88**	**10,2**
[35-45[	1270,6	859,9	1242,2	287,6	254,8	274,2	0,0	127,4	133,8	0	0	0	0	103,2	109,0	0	0	**4662,8**	**3,89**	**10,2**
[45-55[	1781,3	1344,2	0,0	0	0	168,5	215,3	207,0	,0	0	0	0	0	0	161,2	161,2	0	**4038,6**	**3,37**	**8,9**
[55-65[	1856,1	1194,7	927,95	0	249,7	0	0	554	0	0	0	0	0	0	592,5	0	0	**5375,3**	**4,48**	**11,8**
[65-75[	1582,9	802,7	368,15	0	0	0	0	0	390	0	0	0	0	0	346,8	0	0	**3490,5**	**2,91**	**7,7**
[75-85[	561,78	0	496,89	548,5	0	472	0	0	0	0	0	0	0	0	472	484,4	0	**3035,6**	**2,53**	**6,7**
[85-95[	630,65	0	1906	0	0	0	0	0	0	0	0	0	0	0		588,9	0	**3125,6**	**2,60**	**6,9**
[95-105[	0	0	0	0	0	0	0	0	0	0	0	0	0	0	0	844,7	0	**844,7**	**0,70**	**1,9**
[105-115[	1016,6	0	0	0	0	0	0	0	0	0	0	0	0	0	0	0	0	**1016,6**	**0,85**	**2,2**
[115-125[	0	0	1052,9	0	0	0	0	0	0	0	0	0	0	0	0	0	0	**1052,9**	**0,88**	**2,3**
[125-135[	0	0	0	0	0	1387,3	0	0	0	0	0	0	0	0	0	1429,6	0	**2816,9**	**2,35**	**6,2**
[145-155[	0	0	0	0	0	0	0	0	0	0	0	0	0	1864	0	0	0	**1863,8**	**1,55**	**4,1**
[175-185[	0	0	0	0	0	0	0	0	0	2695,5	0	0	0	0	0	0	0	**2695,5**	**2,25**	**5,9**
[215-225[	0	0	0	0	0	0	0	0	0	3959,3	0	0	0	0	0	0	0	**3959,3**	**3,30**	**8,7**
T0tal (Cm²)	**10848,9**	**6210,5**	**6827,0**	**1625,8**	**835,8**	**2460,9**	**506,2**	**997,0**	**569,7**	**6654,8**	**46,0**	**20,4**	**71,7**	**1967,0**	**1994,0**	**3677,6**	**307,6**	**45620,9**		
Gi (m²/ha)	**9,04**	**5,18**	**5,69**	**1,35**	**0,70**	**2,05**	**0,42**	**0,83**	**0,47**	**5,55**	**0,04**	**0,02**	**0,06**	**1,64**	**1,66**	**3,06**	**0,26**		**38,0**	
%	**23,791**	**13,62**	**14,971**	**3,5654**	**1,833**	**5,3967**	**1,11**	**2,19**	**1,249**	**14,594**	**0,1**	**0,04**	**0,16**	**4,314**	**4,373**	**8,0649**	**0,67**			**100**

- ***Sítio Web de Rwahirirwa***

A Tabela 24 mostra a área basal em m²/ha dos caules medidos no sítio de Rwahirirwa. A área basal no sítio de Rwahirirwa é de 26,8 m²/ha. *Syzygium parvifolium* encabeça a lista com 39,6% da área basal total, seguido por *Macaranga kilimandscharica* com 20,2% e *Galiniera coffeoides* com 10%. As outras espécies estão pouco representadas.

^{2}Tabela 24: Área basal em m /ha de acordo com as classes de circunferência no sítio de Rwahiritwa

Classes de circunferência	*Galiniera coffeoides*	*Macaranga kilimandscharica*	*Xymalos monospora*	*Syzygium parvifolium*	*Psychotria palustris*	*Dracaena afromontana*	Indústria	*Tabernaemontana johnstonii*	*Symphonia globulifera*	*Maesa lanceolata*	*Myrianthus holstii*	*Bersama abyssinica*	*Cyathea maniana*	*Total em Cm²*	*^{2}Gi em m /ha*	%
[15-25[	394,8	105,3	83,2	35,1	151	0	0	0	0	0	0	0	25,8	**795,6**	**0,7**	**2,5**
[25-35[	816,8	532,1	134	0	81,5	0	0	0	58	0	49,8	0	1300,7	**2972,9**	**2,5**	**9,3**
[35-45[	1804	611,7	472	97,5	0	0	0	0	0	0	0	0	1713,9	**4698,6**	**3,9**	**14,6**
[45-55[	215,3	879,4	964	207	0	0	0	0	223,6	207,1	0	0	0	**2696**	**2,2**	**8,4**
[55-65[	0	1986	250	0	0	0	0	0	0	0	0	296,3	0	**2532,4**	**2,1**	**7,9**
[65-75[	0	1126	726	0	0	368,2	0	368,2	0	0	0	0	0	**2587,9**	**2,2**	**8,1**
[75-85[	0	535,4	0	0	0	0	0	0	0	0	0	0	0	**535,4**	**0,4**	**1,7**
[85-95[	0	0	0	703,5	0	0	0	0	0	0	0	0	0	**703,5**	**0,6**	**2,2**
[95-105[	0	718,6	0	0	0	0	0	0	0	0	0	0	0	**718,6**	**0,6**	**2,2**
[105-115[	0	0	0	877,8	0	0	0	0	0	0	0	0	0	**877,8**	**0,7**	**2,7**
[135-145[	0	0	0	1605	0	0	0	0	0	0	0	0	0	**1605,4**	**1,3**	**5,0**
[145-155[	0	0	0	0	0	0	0	0	0	0	0	0	0	**0**	**0,0**	**0,0**
[165-175[	0	0	0	0	0	0	2194	0	0	0	0	0	0	**2194**	**1,8**	**6,8**
[205-215[	0	0	0	3478	0	0	0	0	0	0	0	0	0	**3477,8**	**2,9**	**10,8**
[265-275[	0	0	0	5719	0	0	0	0	0	0	0	0	0	**5718,5**	**4,8**	**17,8**
^{2}T0tal (Cm)	**3230**	**6495**	**2628**	**12723**	**233**	**368,2**	**2194**	**368,2**	**281,6**	**207,1**	**49,8**	**296,3**	**3040,4**	**32114,4**		
^{2}Gi (m /ha)	**2,692**	**5,412**	**2,19**	**10,6**	**0,19**	**0,307**	**1,83**	**0,307**	**0,235**	**0,173**	**0,04**	**0,247**	**2,5337**		**26,8**	
%	**10,04**	**20,2**	**8,17**	**39,56**	**0,72**	**1,145**	**6,82**	**1,145**	**0,876**	**0,644**	**0,15**	**0,921**	**9,454**			**100**

- ***Sítio Kaziramihunda 2***

A área basal de Kaziramihunda 2 é apresentada na Tabela 25. *Prinus africana* domina com 30,84% da área basal total neste local, seguida por *Tabernaemontana johnstonii* com 17,55% e *Syzygium parvifolium* com 14,12%. Os outros representam uma pequena proporção da área basal. A área basal do sítio Kaziramihunda 2 é de 57,22 m²/ha.

^{2}Tabela 25: Área basal em m /ha de acordo com as classes de circunferência no sítio Kaziramihunda 2

Classes de circunferência	*Myrianthus holstii*	*Tabernaemontana johnstonii*	*Xymalos monospora*	*Dracaena afromontana*	*Magnistipula butayei*	*Acácia montigena*	*Chassaria subochreata*	*Rytigynia kivuensis*	*Prinus africana*	Indet 1	*Polyscias fulva*	*Schefflera abyssinica*	Indet	*syzygium parvifolium*	*Pauridiantha paucinervis*	*Alchornea hirtella*	*Cyathea maniana*	**^{2}Total (cm)**	**^{2}Gi (m /ha**	%
[15-25[	597,2	159,2	202,7	229	54,5	38,5	143,5	217,9	0	20,38	0	0	0	0	0	38,5	0	1701,38	1,06	1,86
[25-35[	787	62,4	227,9	174,1	0	76,5	0	165,2	0	0	0	81,5	66,95	0	0	0	92	1733,55	1,08	1,89
[35-45[	853,7	515,9	543,2	236	0	0	0	0	0	0	0	0	0	0	140,4	0	0	2289,20	1,43	2,50
[45-55[	1417	344,3	1306	175,9	0	0	0	0	0	0	0	168,5	0	0	0	0	0	3411,10	2,13	3,73
[55-65[	937,8	1089,8	563,7	0	0	0	0	0	0	0	0	0	0	0	0	0	0	2591,30	1,62	2,83
[65-75[	0	1238,2	0	401,3	0	0	0	0	0	0	0	0	0	0	0	0	0	1639,50	1,02	1,79
[75-85[	993,8	548,5	1019	0	0	0	0	0	0	0	0	0	0	0	561,8	0	0	3123,20	1,95	3,41
[85-95[	1875	703,5	0	0	0	0	0	0	0	0	0	0	0	575,2	0	0	0	3153,60	1,97	3,44
[95-105[	1641	844,6	0	844,7	0	0	0	0	0	0	0	0	0	0	0	0	0	3329,80	2,08	3,64
[105-115[	877,8	1891,9	998,7	1017	0	0	0	0	0	0	0	0	0	0	0	0	0	4785,00	2,99	5,23
[115-125[	2255	1224,2	0	0	0	0	0	0	0	0	0	0	0	0	0	0	0	3479,10	2,17	3,80
[145-155[	0	1863,8	0	0	0	0	0	0	0	0	0	0	0	0	0	0	0	1863,80	1,16	2,04
[155-165[	0	0	0	0	0	0	0	0	0	0	0	0	0	1987,6	0	0	0	1987,60	1,24	2,17

[175-185[	0	2551	0	0	0	0	0	0	2637,2	0	0	0	0	0	0	0	0	5188,20	3,24	5,67
[195-205[	0	3027,5	0	0	0	0	0	0	0	0	0	0	0	0	0	0	0	3027,50	1,89	3,31
[215-225[	0	0	0	0	0	0	0	0	0	0	0	0	0	3853,5	0	0	0	3853,50	2,41	4,21
[235-245[	0	0	0	0	0	0	0	0	0	0	4624,3	0	0	0	0	0	0	4624,30	2,89	5,05
[285-295[	0	0	0	0	0	0	0	0	0	0	0	0	0	6512,4	0	0	0	6512,40	4,07	7,11
[305-315[	0	0	0	0	0	0	0	0	0	0	7651,3	0	0	0	0	0	0	7651,30	4,78	8,36
[375-385[	0	0	0	0	0	0	0	0	11557,4	0	0	0	0	0	0	0	0	11557,40	7,22	12,62
[415-425[	0	0	0	0	0	0	0	0	14044,5	0	0	0	0	0	0	0	0	14044,50	8,78	15,34

^{2}Total (cm)	12234	16065	4861	3078	54.5	115	143.5	383.1	28239.1	20.38	12275.6	250	66.95	12929	702.2	38.5	92	91547.23		
^{2}Gi (m /ha	7.65	10.04	3.04	1.92	0.03	0.07	0.09	0.24	17.65	0.01	7.67	0.16	0.04	8.08	0.44	0.02	0.06		57.22	
%	13.36	17.55	5.31	3.36	0.06	0.13	0.16	0.42	30.84	0.02	13.41	0.27	0.07	14.12	0.77	0.04	0.10			100

- *Ndubura 1 sítio*

A tabela 26 mostra a área basal em m²/ha dos caules medidos no sítio Ndubura 1. A área basal do sítio é de 5,2 m²/ha, que é a mais baixa em comparação com os outros sítios. O sítio pode ser considerado como um terreno baldio pertencente aos recursos pré-florestais. Apenas 3 espécies foram medidas neste sítio: *Neoboutonia macrocalyx* com 80,43% da área basal total, *Dombeya goetznii* com 14,19% e *Discopodium penninervium* com 5,4%.

^{2}Quadro 26: Área basal em m /ha de acordo com as classes de circunferência no sítio Ndubura 1

Classes de circunferência	*Neoboutonia macrocalyx*	*Dombeya goetznii*	*Discopodium penninervium*	^{2}Total (cm)	^{2}Gi (m /ha	%
[15-25[	114,9	0	253,1	368	**0,41**	**7,86**
[25-35[	258,7	71,7	0	330,4	**0,37**	**7,06**
[35-45[	103,2	0	0	103,2	**0,11**	**2,21**
[45-55[	168,5	191,2	0	359,7	**0,40**	**7,69**
[55-65[	306,1	0	0	306,1	**0,34**	**6,54**
[65-75[	1551,6	401,35	0	1952,95	**2,17**	**41,73**
[85-95[	1261,3	0	0	1261,3	**1,40**	**26,95**
^{2}Total (cm)	**3764,3**	**664,25**	**253,1**	**4681,7**		
^{2}Gi (m /ha	**4,18**	**0,74**	**0,28**		**5,20**	
%	**80,43**	**14,19**	**5,41**			**100**

- *Sítio Ndubura 2*

A Tabela 27 mostra a área basal em m²/ha dos caules medidos no sítio de Ndubura 2. A área basal total do sítio é de 39,5 m²/ha. *Chrysophyllum gorungosanum* lidera com 40,07% da área basal total, seguido por *Macaranga kilimandscharica* com 10,94% e *Polyscias fulva* com 8%. As outras espécies estão pouco representadas.

^{2}Tabela 27: Área basal em m /ha de acordo com as classes de circunferência no sítio Ndubura 2

Classes de circunferência	*Macaranga kilimandscharica*	*Myrianthus holstii*	*Tabernaemontana johnstonii*	*Pauridiantha paucinervis*	*Chassaria subochreata*	*Alchornea hirtella*	*Chrysophyllum gorungosanum*	*Strombosia Scheffleri*	*Xymalos monospora*	*Salsépalo seretii*	*Magnistipula butayei*	*Rauvolfia mannii*	*Dracaena afromontana*	*Psychotria palustris*	*Sericanthe burundensis*	*Symphonia globulifera*	ndét	*Polyscia fulva*	^{2}Total (cm)	^{2}Gi (m /ha	%
[15-25[	261,7	28,7	66,9	0	46	714,3	0	0	20,4	0	42,1	20,4	79,9	57,5	74,8	73,6	0	0	**1486,3**	**1,2**	**3,14**
[25-35[	294,5	0	81,5	0	0	187,3	0	0	148,1	0	0	0	0	0	0	0	0	0	**711,4**	**0,6**	**1,50**
[35-45[	401,5	0	0	103,2	0	0	0	0	0	0	0	0	108,9	0	0	108,9	0	0	**722,5**	**0,6**	**1,52**
[45-55[	0	199	0	168,5	0	0	0	0	0	0	0	0	0	0	0	0	0	0	**367,5**	**0,3**	**0,78**
[55-65[	326,1	757,1	267,8	0	0	0	277,1	296,3	0	0	0	0	0	0	0	0	0	0	**1924,4**	**1,6**	**4,06**
[65-75[	0	0	0	0	0	0	0	401,4	0	0	0	0	0	0	0	0	0	0	**401,4**	**0,3**	**0,85**
[75-85[	1044,7	0	1096,9	0	0	0	0	0	447,9	484,4	0	0	496,9	0	0	0	0	0	**3570,8**	**3,0**	**7,53**
[85-95[	0	0	0	0	0	0	0	616,6	0	0	0	0	0	0	0	0	0	0	**616,6**	**0,5**	**1,30**
[95-105[	844,7	812,2	0	0	0	0	0	0	812,2	0	0	0	0	0	0	0	0	0	**2469,1**	**2,1**	**5,21**
[105-115[	0	0	0	0	0	0	0	1034,7	0	0	0	0	0	0	0	0	0	0	**1034,7**	**0,9**	**2,18**
[115-125[	0	0	1204,5	0	0	0	0	1052,9	0	0	0	0	0	0	0	0	1165,7	0	**3423,1**	**2,9**	**7,22**
[125-135[	0	0	0	0	0	0	0	0	0	1345,5	0	0	0	0	0	0	0	0	**1345,5**	**1,1**	**2,84**
[135-145[	0	1582,8	0	0	0	0	1650,9	0	0	0	0	0	0	0	0	0	0	0	**3233,7**	**2,7**	**6,82**
[155-165[	2012,8	0	0	0	0	0	0	0	0	0	0	0	0	0	0	0	0	0	**2012,8**	**1,7**	**4,25**
[175-185[	0	0	0	0	0	0	2579,6	0	0	0	0	0	0	0	0	0	0	0	**2579,6**	**2,1**	**5,44**
[195-205[	0	0	0	0	0	0	3089,9	0	0	3248,7	0	0	0	0	0	0	0	0	**6338,6**	**5,3**	**13,37**
[215-225[	0	0	0	0	0	0	0	0	0	0	0	0	0	0	0	0	0	3818,6	**3818,6**	**3,2**	**8,06**
[255-265[	0	0	0	0	0	0	5507,1	0	0	0	0	0	0	0	0	0	0	0	**5507,1**	**4,6**	**11,62**
[265-275[	0	0	0	0	0	0	5890,4	0	0	0	0	0	0	0	0	0	0	0	**5890,4**	**4,9**	**12,43**

²Total (cm)	5186	3379,8	2717,6	271,7	46	901,6	18995	3401,9	1429	5078,6	42,1	20,4	685,7	57,5	74,8	182,5	1165,7	3818,6	47454	
²Gi (m /ha	4,32	2,82	2,26	0,23	0,04	0,75	15,83	2,83	1,19	4,23	0,04	0,02	0,57	0,05	0,06	0,15	0,97	3,18	39,5	
%	10,94	7,13	5,73	0,57	0,10	1,90	40,07	7,18	3,01	10,71	0,09	0,04	1,45	0,12	0,16	0,39	2,46	8,06		100

- Sítio Ndubura 3

A área basal de Ndubura 3 é apresentada no Quadro 28. *Chrysophyllum* gorungosanum domina com 24,96% da área basal total neste sítio, seguido por *Myrianthus holstii* com 15,8% e *Symphonia globulifera* com 15%. Os outros representam uma pequena proporção da área basal. ²A superfície basal medida é de 58,03 m /ha.

²Tabela 28: Área basal em m /ha de acordo com as classes de circunferência no sítio Ndubura 3

Classes de circunferência	*Macaranga kilimandscharica*	*Chrysophyllum gorungosanum*	*Myrianhus holstii*	*Strombosia scheffleri*	*Erythrococca bongensis*	*Psychotria palustris*	*Rytigynia bridsonii*	*Garcinia volkensii*	*Tabernaemontana johnstonii*	*Dracaena afromontana*	*Symphonia globulifera*	*Maesa lanceolata*	*Xymalos monospora*	*Neoboutonia macrocalyx*	*Magnistipula butayei*	*Syzygium parvifolium*	²Total (cm)	²Gi (m /ha	%
[15-25[	0	0	86,2	187,3	0	48,8	57,5	313,	87,9	105,	0	0	0	0	20,	0	**906,8**	**1,01**	**1,74**
[25-35[	58	67	258,7	277,1	62,	0	0	107,	138,6	0	58	0	0	0	0	0	**1027,4**	**1,14**	**1,97**
[35-45[	0	229,9	274,2	103,2	0	0	0	0	280,9	0	0	121,	0	0	0	0	**1009,3**	**1,12**	**1,93**
[45-55[	207,1	0	199,1	0	0	0	0	0	0	0	232,2	0	0	223,	0	0	**862**	**0,96**	**1,65**
[55-65[	0	240,8	602,3	0	0	0	0	0	0	249,	0	0	0	0	0	0	**1092,8**	**1,21**	**2,09**
[65-75[	379,1	0	401,4	0	0	0	0	0	401,4	0	0	0	0	0	0	0	**1181,9**	**1,31**	**2,26**

[75-85[	561,8	459,9	0	1006,	0	0	0	0	472,1	0	0	0	459,	0	0	0	**2960,1**	**3,29**	**5,67**
[85-95[	0	1219,	0	644,9	0	0	0	0	630,7	0	0	0	0	0	0	0	**2494,7**	**2,77**	**4,78**
[95-105[	0	764,6	0	0	0	0	0	0	1755,	0	0	0	0	0	0	0	**2520,2**	**2,80**	**4,83**
[105-115[	0	0	0	894,6	0	0	0	0	911,5	0	0	0	0	0	0	0	**1806,1**	**2,01**	**3,46**
[115-125[	1165,7	0	1185	0	0	0	0	0	1052,	0	0	0	0	0	0	0	**3403,6**	**3,78**	**6,52**
[125-135[	0	1408,	0	0	0	0	0	0	1264	0	0	0	0	0	0	0	**2672,4**	**2,97**	**5,12**
[135-145[	0	1605,	0	0	0	0	0	0	0	0	0	0	0	0	0	1650,	**3256,3**	**3,62**	**6,23**
[155-165[	1987,6	1937,	0	0	0	0	0	0	0	0	0	0	0	0	0	0	**3925,2**	**4,36**	**7,52**
[165-175[	0	2167,	0	0	0	2410,	0	0	0	0	0	0	0	0	0	0	**4578,1**	**5,09**	**8,77**
[185-195[	0	2935	0	2784,	0	0	0	0	0	0	0	0	0	0	0	0	**5719,2**	**6,35**	**10,9**
[255-265[	0	0	5258,	0	0	0	0	0	0	0	0	0	0	0	0	0	**5258,7**	**5,84**	**10,0**
[305-315[	0	0	0	0	0	0	0	0	0	0	7552,	0	0	0	0	0	**7552,9**	**8,39**	**14,4**
Total (cm^2)	**4359,3**	**13035**	**8265,**	**5897,**	**62,**	**2459,**	**57,5**	**421**	**6995,**	**355**	**7843,**	**121,**	**459,**	**223,**	**20,**	**1650,**	**52228**		
Gi (m^2/ha	**4,84**	**14,48**	**9,18**	**6,55**	**0,0**	**2,73**	**0,06**	**0,47**	**7,77**	**0,39**	**8,71**	**0,13**	**0,51**	**0,25**	**0,0**	**1,83**		**58,03**	
%	**8,35**	**24,96**	**15,83**	**11,29**	**0,1**	**4,71**	**0,11**	**0,81**	**13,39**	**0,68**	**15,02**	**0,23**	**0,88**	**0,43**	**0,0**	**3,16**			**100**

- **Quantificação do lixo**

A figura 28 mostra a variação do número de elementos que compõem a folhada em função do tamanho. Os elementos mais pequenos (níveis 1 e 2) estão bem representados, representando 71,65% de toda a folhada recolhida, o que mostra que a folhada da zona de estudo está a decompor-se bem. De um modo geral, o número de elementos que compõem a folhada diminui com o aumento do tamanho, com exceção do sítio Ndubura 2, onde os elementos de tamanho 3 são superiores aos de tamanho 2. Os sítios Ndubura 2 e Ndubura 3 registaram uma grande quantidade de folhada em comparação com os outros sítios, com 22,91% de toda a folhada cada um. A ausência de cobertura herbácea favoreceu a recolha de lixo em ambos os locais. Nos sítios Ndubura 1 e Ndubura 3 foram recolhidos itens de grandes dimensões, onde predominavam *Neoboutonia macrocalyx* e *Myrianthus holstii* com folhas grandes, respetivamente.

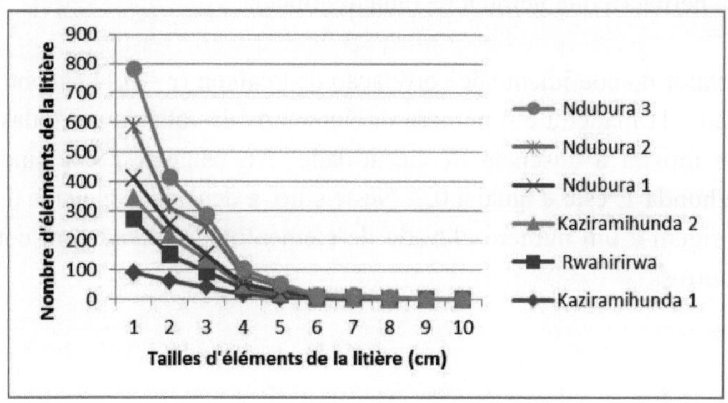

Fig. 28: Variação do tamanho dos elementos de cama por sítio

- **Comparação entre a área basal, a densidade da madeira e o número de árvores**
elementos de lalitière

Uma comparação entre a área basal, a densidade da madeira e a
O número de elementos na folhada foi efectuado para diferentes locais.

O coeficiente de correlação de Pearson r calculado entre a área basal e a densidade da madeira para toda a área de estudo é baixo (r = 0,4). Em geral, mas nem sempre, a área basal é inversamente proporcional à densidade das árvores individuais.

Quanto maior a densidade de árvores, menor a área basal. A falta de correlação deve-se ao sítio Kaziramihunda 1, que é muito diferente desta teoria. De facto, Kaziramihunda 1 tem uma densidade de madeira muito elevada em comparação com os outros sítios, com uma área basal que não é baixa. Assim, calculando r excluindo Kaziramihunda 1, este é igual a 0,7.

O coeficiente de correlação de Pearson r calculado entre a área basal e o número de elementos de folhada com todas as séries de dados é igual a 0,4, o que mostra que não existe correlação entre estas duas séries de dados. Com exceção de Kaziramihunda 2, os outros sítios com uma grande área basal têm também um grande número de elementos de folhada. Assim, o r calculado após a omissão de Kaziramihunda 2 é igual a 0,8. Isto mostra que, em Teza, as árvores de grande porte libertam uma grande quantidade de folhada. Em Kaziramihunda 2, foi a cobertura herbácea que gerou a recolha de folhada.

O baixo valor do coeficiente de correlação de Pearson (r = 0,1) encontrado entre a densidade da madeira e o número de elementos de folhada em todas as séries de dados mostra a ausência de linearidade. Ao calcular r excluindo o sítio Kaziramihunda 1, este é igual a 0,7. Neste sítio, a densidade elevada da madeira não dá origem a um número elevado de elementos de folhada em comparação com os outros.

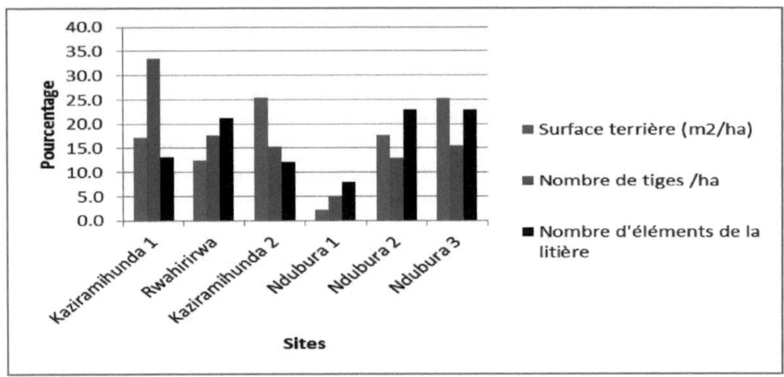

Fig. 29: Variação da área basal, da densidade da madeira e do número de árvores. elementos do
Lixo

IV.1.5. Dinâmica do habitat

- **Evolução provável dos habitats na zona de estudo**

- *kaziramihunda 1 sítio web*

1031++O sítio Kaziramihunda 1 é uma floresta secundária com *Macaranga kilimandscharica* e *Tabernaemontana johnstonii*, cuja fórmula é A B S H G . Espécies caraterísticas de florestas secundárias como *Macaranga kilimandscharica*, *Tabernaemontana johnstonii*, *Polyscias fulva* e *Syzygium parvifolium* dominam o estrato arbóreo médio. No total, *Macaranga kilimandscharica* e *Tabernaemontana johnstonii* representam sozinhas 48,2% de todos os caules medidos e 37,4% da área basal do sítio. Os mesmos indivíduos aparecem no estrato arbóreo inferior, com novas espécies como *Myrianthus holstii*, *Xymalos monospora*, *Bersama abyssinica*, *Strombosia scheffleri*, *Symphonia globulifera* e outras. O estrato arbustivo inclui plantas lenhosas, principalmente Rubiaceae, como *Galiniera coffeoides* e *Chassalia subochreata*. Nos estratos inferiores (estrato herbáceo e arbustivo) aparecem também indivíduos de *Strombosia scheffleri* e *Symphonia globulifera*, caraterísticos das florestas primárias. Trata-se de uma zona com um baixo nível de espécies no estrato herbáceo porque as copas das árvores impedem a penetração da luz no solo. O solo húmico está coberto por uma camada espessa de folhada, formando pilhas em alguns locais. Não foi observada qualquer atividade humana neste local.

Se a floresta se mantiver tal como está, sem quaisquer condicionalismos humanos ou naturais, a presença de espécies de *Strombosia scheffleri* e *Symphonia globulifera* caraterísticas das florestas primárias, especialmente nos estratos inferiores, sugere que poderá evoluir para uma floresta primária com *Strombosia scheffleri* e *Symphonia globulifera* dentro de 10 anos.

Por outro lado, quando a floresta é submetida à intervenção humana (corte de lenha, corte de madeira, etc.), o estrato arbóreo médio pode ser eliminado e a floresta pode se tornar uma floresta secundária degradada com *Macaranga kilimandscharica* e *Tabernaemontana johnstonii*. Com a intensificação destas acções, a floresta poderá tornar-se um recrute pré-florestal em 35 anos.

Os factores naturais podem também provocar a regressão da floresta, dependendo da sua intensidade.

- *Sítio Web de Rwahirirwa*

5144+Trata-se de uma floresta secundária degradada de *Syzygium parvifolium* com a fórmula A B S H G . O estrato arbóreo médio contém um único indivíduo de *Syzygium parvifolium.* O Syzygium parvifolium aparece também no estrato arbóreo inferior com outras espécies como *Symphonia globulifera*, *Galiniera coffeoides*, *Psychotria palustris*, *Xymalos monospora*, *Macaranga kilimandscharica*, *Dracaena afromontana*, *Coccinia mildbraedii*, etc. Este estrato contém também lianas, nomeadamente *Schefflera goetzenii*, *Schefflera abyssinica*, *Embelia Schimperi* e *Embelia libeniana*, bem como muitas epífitas. Os caules de *Macaranga kilimandscharica* são comuns no estrato arbóreo inferior. No total, *o Syzygium parvifolium* representa sozinho 39,56% da área basal, mas não tem mais caules do que a *Macaranga kilimandscharica.* O estrato arbustivo é constituído principalmente por *Psychotria palustris*, *Alchornea hirtella*, *Virectaria major*, *Allophylus chaunostachys*, *Chassalia subochreata*, *Embelia Schimperi*, *Schefflera abyssinica*, *Dracaena afromontana* e *Symphonia globulifera.* Os fetos da família das Aspleniaceae, nomeadamente *Asplenium aethiopicum* e *Asplenium elliotii*, dominam o estrato subarbustivo e/ou herbáceo, sinal de degradação. O terreno, ligeiramente inclinado, está coberto de folhada. Rwahirirwa fica perto de um caminho que liga as comunas de Bukeye e Rugazi, o que facilita o corte de madeira morta no local.

Se o abate de madeira morta em Rwahirirwa for interrompido e os factores naturais não se tornarem graves, os indivíduos de *Symphonia globulifera*, uma espécie caraterística das florestas primárias, poderão desenvolver-se e assumir a liderança no futuro. Nestas condições, Rwahirirwa poderia evoluir para uma floresta primária de *Symphonia globulifera* dentro de 10 anos.

Se o abate de madeira morta continuar, até as árvores vivas poderão ser removidas, caso em que a eliminação do estrato arbóreo médio transformará Rwahirirwa, primeiro, numa floresta secundária degradada com *Macaranga kilimandscharica* e, depois, num matagal pré-florestal dentro de 35 anos.

- *Sítio Kaziramihunda 2*

O sítio Kaziramihunda 2 é uma floresta primária de *Prunus africana*. O estrato arbóreo superior inclui árvores gigantes *de Prunus africana*, uma espécie caraterística das florestas primárias, e espécies caraterísticas das florestas secundárias, nomeadamente *Polyscias fulva* e *Syzygium parvifolium*. Estas mesmas espécies regressam no estrato arbóreo médio, juntamente com *Tabernaemontana johnstonii*, *Myrianthus holstii* e algumas lianas como *Schefflera goetzenii*, *Urera hypselodendron* e *Mimosa montana*. As espécies dominantes no estrato arbóreo inferior incluem *Myrianthus holstii*, *Tabernaemontana johnstonii*, *Xymalos monospora*, *Dracaena afromontana*, *Syzygium parvifolium*, *Xymalos monospora* e *Magnistipula butayei*. O estrato arbustivo é diversificado. É dominado por *Piper capense*, *Chassalia subochreata*, *Symphonia globulifera*, *Galiniera coffeoïdes*, *Strombosia scheffleri*, *Dracaena afromontana*, *Myrianthus holstii*, *Psychotria palustris* e outros.

As copas das árvores permitem a penetração da luz no solo, favorecendo o desenvolvimento de um extenso coberto herbáceo constituído principalmente por *Chassalia subochreata*, *Rourea thomsonii*, *Gynura scandens*, *Myrianthus holstii*, *Sericostachys scandens*, *Urera hypselodendron*, *Symphonia globulifera*, *Galiniera coffeoïdes*, *Setaria megaphylla* e numerosos fetos, nomeadamente *Asplenium dregeanum*, *Asplenium elliotii* e *Asplenium glamosum*. As gramíneas estão plantadas em camas distribuídas de forma irregular num solo profundo e húmico. Entre os caules medidos, *Prunus africana* tinha apenas 3 caules, mas estes tinham grandes circunferências, dando o valor mais elevado de área basal. As espécies *Myrianthus holstii* e *Tabernaemontana johnstonii* constituem a maioria dos caules medidos, mas a soma das suas áreas basais é igual à dos 3 caules de *Prunus africana* acima mencionados.

Não foi observada qualquer ação humana em Kaziramihunda
2. $_{7321+}$A fórmula para este habitat é A B S H G .

Partindo do princípio de que Kaziramihunda 2 permanece protegida dos constrangimentos humanos e naturais, poderá evoluir para o clímax (a fase final da evolução de uma floresta). Em caso de evolução regressiva, Kaziramihunda 2 poderá tornar-se uma floresta secundária com *Myrianthus holstii* e *Tabernaemontana johnstonii* dentro de 10 anos.

- Ndubura 1 sítio

11910Trata-se de um matagal pré-florestal com a fórmula A B S H G . Com alguns caules de *Neoboutonia macrocalyx*, *Dombeya goetzenii* e *Discopodium penninervium*, é uma zona aberta dominada pelo estrato herbáceo, que cobre completamente o solo. Existem três estratos em Ndubura 1. O estrato arbóreo médio inclui apenas duas espécies, *Neoboutoniamacrocalyx* e *Dombeya goetzenii*, com 17 e 3 caules, respetivamente, em 31 caules contados.

O estrato arbustivo é dominado por *Brillantaisia cicatricosa*, *Gynura scandens*, *Rubus pinnatus*, *Discopodium penninervium*, *Triumfetta cordifolia*, *Neoboutoniamacrocalyx* e *Ensete ventricosum*. O estrato sub-arbustivo e/ou herbáceo é representado principalmente por *Anisosepalum humbertii*, *Solanum nigrum*, *Urera hypselodendron*, *Piper capense*, *Brillantaisia cicatricosa*, *Gynura scandens*, *Rubus pinnatus* e espécies caraterísticas de terrenos baldios, nomeadamente *Pteridium aquilinum* e *Clerodendrum johnstonii*. O solo solto, húmico e profundo está completamente coberto por gramíneas dominadas por *Brillantaisia cicatricosa*. Não foi observada qualquer atividade humana neste local.

Se evoluir gradualmente, Ndubura 1 tornar-se-á uma floresta densa em 35 anos. Caso contrário, cairá para a fase pioneira em 5 anos.

- *Sítio Ndubura 2*

9711+Trata-se de uma floresta primária *de Chrysophyllum gorungosanum* com a fórmula A B S H G . O estrato arbóreo superior é dominado por árvores gigantes de *Chrysophyllum gorungosanum* e *Strombosia scheffleri*, espécies caraterísticas de florestas primárias. Este estrato inclui também 3 caules de *Synsepalum attenuatum*. O estrato arbóreo médio inclui *Macaranga kilimandscharica*, *Chrysophyllum gorungosanum*, *Myrianthus holstii*, *Tabernaemontana johnstonii*, *Strombosia scheffleri* e *Polyscias fulva*. As espécies acima mencionadas reaparecem no estrato arbóreo inferior, com a adição de *Xymalos monospora*, *Symphonia globulifera* e *Alchornea hirtella*. As copas das árvores dos três estratos anteriores impedem a penetração da luz no solo e a folhada depositada é abundante, o que empobrece consideravelmente o estrato subarbustivo e/ou herbáceo, justificando assim a pobreza específica do sítio.

O estrato arbustivo é dominado por *Strombosia scheffleri, Chassalia subochreata, Alchornea hirtella, Macaranga kilimandscharica, Dracaena afromontana, Rauvolfia mannii* e outras. O estrato subarbustivo e/ou herbáceo é menos diversificado. Inclui *Alchornea hirtella, Sericostachys scandens, Gynura scandens, Myrianthus holstii, Chrysophyllum gorungosanum, Chassalia subochreata, Asplenium elliotii, Asplenium mannii, Dracaena afromontana* e *Galiniera coffeoides*. O solo húmico é ligeiramente inclinado com muita folhada. Dos 108 caules medidos, *Chrysophyllum gorungosanum* tem apenas 6 caules, mas é a primeira espécie a ter uma grande área basal (40,07% da área basal total). *A Macaranga kilimandscharica* tem 22 caules com 10,94% da área basal total. Não foi observada qualquer ação antropogénica em Ndubura 2.

Partindo do princípio de que Ndubura 2 não é perturbada pelo homem, poderá evoluir para o clímax. A intervenção humana poderia transformar Ndubura 2 numa floresta secundária de *Macaranga kilimandscharica* em 10 anos. Com a intensificação das actividades humanas, Kaziramihunda 2 poderá tornar-se um terreno baldio herbáceo em 40 anos.

- Sítio Ndubura 3

96210Ndubura 3 é uma floresta primária *de Chrysophyllum gorungosanum* com a fórmula A B S H G . O estrato arbóreo superior é dominado por *Symphonia globulifera, Strombosia scheffleri* e *Chrysophyllum gorungosanum*, espécies caraterísticas das florestas primárias. O estrato arbóreo médio inclui *Macaranga kilimandscharica, Chrysophyllum gorungosanum, Strombosia scheffleri, Tabernaemontana johnstonii, Xymalos monospora, Myrianthus holstii* e *Symphonia globulifera.* A pobreza específica dos estratos inferiores é causada pelas copas das árvores acima referidas, que não permitem a penetração da luz no solo.

O estrato arbóreo inferior é dominado por *Macaranga kilimandscharica, Neoboutonia macrocalyx, Tabernaemontana johnstonii, Chrysophyllum gorungosanum, Myrianthus holstii, Symphonia globulifera* e *Xymalos monospora.* O estrato arbustivo não é muito diversificado e inclui *Chrysophyllum gorungosanum, Myrianthus holstii, Symphonia globulifera, Strombosia scheffleri, Chassalia subochreata* e *Xymalos monospora.* O estrato subarbustivo e/ou herbáceo é pobre em espécies. É constituído principalmente por *Mimulopsis solmsii*, *Asplenium dregeanum*, *Asplenium elliotii*, *Asplenium glamosum*, *Hypoestes forskalei*, *Sericostachys scandens*, *Chassalia subochreata*, *Rauvolfia manni*, *Strombosia scheffleri* e *Tabernaemontana johnstonii*. O solo está coberto de folhada pesada num declive relativamente suave. Dos 97 caules medidos, *Chrysophyllum gorungosanum* representou 13 caules e foi o primeiro a ter uma grande área basal, com 25% da área basal total. *Strombosia scheffleri* é a primeira espécie com muitos caules, com 16 caules, mas a sua área basal é insignificante. *Myrianthus holstii* tem 15 caules e é a segunda espécie com uma área basal elevada, com 15,8% da área basal total. Não foi observada qualquer atividade humana em Ndubura 3.

Se evoluir gradualmente, Ndubura 3 tornar-se-á uma floresta primária que atingiu o seu clímax. Se Ndubura 3 for perturbada pela atividade humana ou por causas naturais, a floresta primária dará lugar a uma floresta secundária de *Myrianthus holstii* dentro de 10 anos.

- **Orientações para o acompanhamento da dinâmica dos habitats estudados**

- Kaziramihunda 1 sítio

A ficha LEM (Tabela 29) destaca certos elementos que devem ser tomados como referência para o acompanhamento da dinâmica do sítio Kaziramihunda 1. Foram registadas espécies caraterísticas de cada estrato. Os dois estratos arbóreos são dominados por *Polyscias fulva*, *Macaranga kilimandscharica*, *Tabernaemontana johnstonii*, *Myrianthus holstii* e *Syzygium parvifolium*. O estrato arbustivo é constituído principalmente por *Dracaena afromontana*, *Chassalia subochreata*, *Alchornea hirtella*, *Lindackeria kivuensis* e *Rauvolfia mannii*. O estrato subarbustivo e/ou herbáceo é dominado por *Sericostachys scandens* e muitos fetos da família Apleniaceae, nomeadamente *Asplenium elliotii* e *Asplenium sandersonii*. Não foi observada qualquer atividade humana neste local. Não foram observados sinais de fauna.

Quadro 29: Ficha de monitorização da dinâmica do habitat para o sector Teza do PNK (sítio Kaziramihunda 1)

GPS	Altura: 2128 m	S 03°12.771'			E 029°32.810'			Topo: 50% de desconto	Data: 01/05/2013
Actividades humanas		Fauna			Observações do habitat				
Tipo	Surf	Sinal	Espécies	Nbr	Tipo	Estratos	Ht	Rc	Espécies
					Floresta secundária com *Macaranga Kilimanscharica* e *Tabernaemontana johnstonii*	A-TGA			
						A-GA	25 m	70%	- *Polyscias fulva*; - *Sapium ellipticum*; - *Syzygium parvifolium*; - *Macaranga kilimandscharica*; - *Tabernaemontana johnstonii*
						A-AM	13 m	80%	- *Tabernaemontana johnstonii*; - *Myrianthus holstii*; - *Macaranga kilimandscharica;* - *Strombosia scheffleri*; - *Symphonia globulifera*
						aB	5 m	30%	- *Alchornea hirtella;* - *Lindackeria kivuensis;* - *Rauvolfia mannii;* - *Dracaena afromontana;* - *Chassalia subochreata*
						SsAH	0,7 m	10%	- *Sericostachys scandens;* - *Asplenium elliotii;* - *Asplenium sandersonii;* - *Kalanchoe crenata*; - *Impatiens burtonii*

Fórmula: A10B3S1H+G+

Legenda (explicação das abreviaturas)

Referência das observações	Actividades humanas	Fauna	Observações do habitat	
Lat: latitude	**Surf**: Superfície	**Nbr**: Número	**Estratos**	**Altura (m)**
Lon: Longitude			**A-TGA:** Arborescente com árvores muito grandes	30< 50
			A-GA: Arborescente com árvores de grande porte	20<30
			A-AM: Arvores constituídas por árvores de pequeno e médio porte	7<20
			aB: arbustivo	2<7
Topo: Topografia			**SsAH**: Subarbustivo e/ou herbáceo	<2
			Ht: Altura (m)	
			Rc: Recuperação (%)	

- Sítio Web de Rwahirirwa

A ficha LEM (quadro 30) destaca certos elementos que devem ser tomados como referência para o acompanhamento da dinâmica do sítio Rwahirirwa. Foram identificadas as espécies dominantes em cada estrato. Os dois estratos arbóreos são dominados por *Syzygium parvifolium*, *Tabernaemontana johnstonii* e *Macaranga kilimandscharica*. O estrato arbustivo inclui principalmente *Dracaena afromontana*, *Chassalia subochreata*, *Galiniera coffeoides*, *Psychotria palustris*, etc. *A Schefflera goetzenii* é uma liana caraterística do sítio, que tende a ocupar todos os estratos. O estrato subarbustivo e/ou herbáceo é dominado por *Asplenium aethiopicum*, *Asplenium elliotii*, *Begonia meyeri-johannis* e *Virectaria major*. [2]Neste local foi observado um corte de madeira morta com cerca de 2 m e um ninho de chimpanzé.

Quadro 30: Ficha de acompanhamento da dinâmica do habitat no sector Teza do PNK (sítio Rwahirirwa)

GPS		Altura: 2192 m		S 03°12.798'		E 029°32.698'		Topo: 45	Data: 04/05/2013
Actividades humanas		**Fauna**			**Observações do habitat**				
Tipo	**Surf**	**Sinal**	**Espécies**	**Nbr**	**Tipo**	**Estratos**	**Ht**	**Rc**	**Espécies**
Cortar	$2m^2$	**1 ninho**	**Chimpanzé**	**1**	Floresta secundária degradada com *Syzygium parvifolium*	**A-TGA**	35 m	20%	- *Syzygium parvifolium*
						A-GA			
						A-AM	14 m	50%	- *Tabernaemontana johnstonii;* - *Xymalos monospora;* - *Syzygium parvifolium;* - *Macaranga kilimandscharica;* - *Schefflera goetzenii*
						aB	5 m	15 %	- *Psychotria palustris;* - *Chassalia subochreata;* - *Galiniera coffeoides;* - *Dracaena afromontana* - *Mimulopsis solmsii*
						SsAH	0,5 m	80%	- *Asplenium aethiopicum;* - *Asplenium elliotii;* - *Begonia meyeri-johannis;* - *Virectaria major* - *Impatiens burtonii*

Fórmula: A5B1S4H4G+

Legenda (explicação das abreviaturas)

Referência das observações	Actividades humanas	Fauna	Observações do habitat	
			Estratos	**Altura (m)**
Lat: latitude **Lon**: Longitude	**Surf**: Superfície	**Nbr**: Número	**A-TGA:** Arborescente com árvores muito grandes	30< 50
			A-GA: Arborescente com árvores de grande porte	20<30

Topo: Topografia			A-AM: Arvores constituídas por árvores de pequeno e médio porte	7<20
			aB: arbustivo	2<7
			SsAH: Subarbustivo e/ou herbáceo	<2
			Ht: Altura (m)	
			Rc: Recuperação (%)	

- Sítio Kaziramihunda 2

Este é o sítio com a maior riqueza de espécies em comparação com os outros. Espécies como *Prunus Africana*, *Polyscias fulva*, *Syzygium parvifolium*, *Myrianthus holstii*, *Xymalos monospora*, *Dracaena afromontana* e *Tabernaemontana johnstonii* são caraterísticas dos três estratos arbóreos. O estrato arbustivo é dominado por *Galiniera coffeoïdes*, *Dracaena afromontana*, *Piper capense*, *Strombosia scheffleri* e outros. O estrato herbáceo é constituído principalmente por *Setaria megaphylla*, *Sericostachys scandens*, *Asplenium dregeanum*, *Asplenium elliotii*, *Asplenium glamosum*, etc. Não foram observadas actividades humanas ou pegadas de animais neste local. A ficha de dados do LEM (Quadro 31) destaca certos elementos que devem ser tomados como referência para o acompanhamento da dinâmica do sítio Kaziramihunda 2.

Quadro 31: Ficha de monitorização da dinâmica do habitat para o sector Teza do PNK (sítio Kaziramihunda 2)

GPS	**Altura: 2169 m**		**S 03°12.820'**	**E 029°32.653'**			**Topo: 45**		**Data: 06/05/2013**
Actividades humanas		**Fauna**			**Observações do habitat**				
Tipo	**Surf**	**Sinal**	**Espécies**	**Nbr**	**Tipo**	**Estratos**	**Ht**	**Rc**	**Espécies**
					Floresta primária com	A-TGA	35 m	40%	- *Prunus Africana;* - *Polyscias fulva;* - *Syzygium parvifolium*

					A-GA	25 m	50%	- *Prunus africana;* - *Polyscias fulva;* - *Myrianthus holstii;* - *Tabernaemontana johnstonii;* - *Syzygium parvifolium*
					A-AM	13m	25%	- *Myrianthus holstii;* - *Tabernaemontana johnstonii;* - *Prunus Africana;* - *Dracaena afromontana;* - *Magnistipula butayei;*
					aB	4 m	25%	- *Piper capense;* - *Dracaena afromontana;* - *Symphonia globulifera;* - *Galiniera coffeoïdes;* - *Strombosia scheffleri*
					SsAH	0,8 m	50%	- *Setaria megaphylla;* - *Sericostachys scandens;* - *Asplenium dregeanum;* - *Asplenium elliotii;* - *Asplenium glamosum*

Fórmula: A7B3S2H1G+

Legenda (explicação das abreviaturas)

Referência das observações	Actividades humanas	Fauna	Observações do habitat	
Lat: latitude **Lon**: Longitude	**Surf**: Superficie	**Nbr**: Número	**Estratos**	**Altura (m)**
			A-TGA: Arborescente com árvores muito grandes	30< 50
			A-GA: Arborescente com árvores de grande porte	20<30
			A-AM: Arvores constituídas por árvores de pequeno e médio porte	7<20
Topo: Topografia			**aB**: arbustivo	2<7
			SsAH: Subarbustivo e/ou herbáceo	<2
			Ht: Altura (m)	
			Rc: Recuperação (%)	

- Ndubura 1 sítio

A ficha LEM (Tabela 32) apresenta as observações de acompanhamento da dinâmica do sítio Ndubura 1. Com alguns indivíduos de *Neoboutonia macrocalyx* que atingem uma altura média de 15 m, este sítio é dominado pelo estrato herbáceo representado principalmente por *Brillantaisia cicatricosa*, *Gynura scandens*, *Pteridium aquilinum*, *Solanum nigrum* e *Urera hypselodendron*. Este matagal pré-florestal é o habitat menos desenvolvido em toda a área de estudo, sem atividade humana ou sinais de presença de animais.

Quadro 32: Ficha de monitorização da dinâmica do habitat para o sector Teza do PNK (sítio Ndubura 1)

<table>
<tr><td colspan="2">GPS</td><td colspan="2">Altura: 2216 m</td><td colspan="2">S 03°12.908'</td><td colspan="3">E 029°32.414'</td><td>Topo: 70% de desconto</td><td>Data: 06/06/2013</td></tr>
<tr><td colspan="2">Actividades humanas</td><td colspan="3">Fauna</td><td colspan="6">Observações do habitat</td></tr>
<tr><td>Tipo</td><td>Surf</td><td>Sinal</td><td>Espécies</td><td>Nbr</td><td>Tipo</td><td>Estratos</td><td>Ht</td><td>Rc</td><td colspan="2">Espécies</td></tr>
<tr><td></td><td></td><td></td><td></td><td></td><td rowspan="5">Floresta pré-florestal</td><td>A-TGA</td><td></td><td></td><td colspan="2"></td></tr>
<tr><td></td><td></td><td></td><td></td><td></td><td>A-GA</td><td></td><td></td><td colspan="2"></td></tr>
<tr><td></td><td></td><td></td><td></td><td></td><td>A-AM</td><td>15</td><td>1%</td><td colspan="2">- Neoboutonia macrocalyx;
- Dombeya goetzenii</td></tr>
<tr><td></td><td></td><td></td><td></td><td></td><td>aB</td><td>3 m</td><td>5%</td><td colspan="2">- Brillantaisia cicatricosa;
- Gynura scandens;
- Discopodium penninervium;
- Neoboutonia macrocalyx;
- Ensete ventricosum</td></tr>
<tr><td></td><td></td><td></td><td></td><td></td><td>SsAH</td><td>1,5 m</td><td>100%</td><td colspan="2">- Solanum nigrum;
- Urera hypselodendron;
- Brillantaisia cicatricosa;
- Gynura scandens;
- Pteridium aquilinum</td></tr>
</table>

Fórmula: A1B1S9H1G0

Legenda (explicação das abreviaturas)

Referência das observações	Actividades humanas	Fauna	Observações do habitat	
Lat: latitude	**Surf**: Superfície	**Nbr**: Número	**Estratos**	**Altura (m)**
Lon: Longitude			**A-TGA:** Arborescente com árvores muito grandes	30< 50
			A-GA: Arborescente com árvores de grande porte	20<30
			A-AM: Árvores constituídas por árvores de pequeno e médio porte	7<20
Topo: Topografia			**aB**: arbustivo	2<7
			SsAH: Subarbustivo e/ou herbáceo	<2
			Ht: Altura (m)	
			Rc: Recuperação (%)	

- Sítio Ndubura 2

A ficha LEM (Quadro 33) apresenta as observações de acompanhamento da dinâmica do sítio Ndubura 2. Espécies como *Chrysophyllum gorungosanum*, *Synsepalum attenuatum*, *Strombosia scheffleri*, *Polyscias fulva*, *Myrianthus holstii*, *Tabernaemontana johnstonii*, *Xymalos monospora*, *Symphonia globulifera*, *Macaranga kilimandscharica*, etc., caracterizam os três estratos arbóreos. O estrato arbustivo é dominado por *Dracaena afromontana*, *Rauvolfia mannii*, *Chassalia subochreata* e *Alchornea hirtella*. O estrato herbáceo é dominado por espécies como *Sericostachys scandens*, *Gynura scandens* e muitos fetos da família Aspleniaceae, nomeadamente *Asplenium elliotii* e *Asplenium manii*. Não foi observada qualquer atividade humana ou sinais de fauna neste habitat.

Quadro 33: Ficha de monitorização da dinâmica do habitat para o sector Teza do PNK (sítio Ndubura 2)

GPS		Altura: 2260 m	S 03°12.913'		E 029°32.380'				Topo: 40% de desconto	Data: 08/06/ 2013
Actividades humanas		**Fauna**			**Observação de habitats**					
Tipo	**Surf**	**Sinal**	**Espécies**	**Nbr**	**Tipo**	**Estratos**	**Ht**	**Rc**	**Espécies**	
					Chrysophyllum gorungosanum floresta primária	**A-TGA**	35 m	50%	- *Chrysophyllum gorungosanum;* - *Synsepalum attenuatum;* - *Strombosia scheffleri*	
						A-GA	25 m	30%	- *Macaranga kilimandscharica;* - *Chrysophyllum gorungosanum;* - *Polyscias fulva;* - *Myrianthus holstii;* - *Tabernaemontana johnstonii*	
						A-AM	12 m	30%	- *Myrianthus holstii;* - *Xymalos monospora;* - *Symphonia globulifera* - *Chrysophyllum gorungosanum;* - *Strombosia scheffleri;*	
						aB	4 m	15%	- *Chassalia subochreata;* - *Alchornea hirtella;* - *Macaranga kilimandscharica;* - *Dracaena afromontana;* - *Rauvolfia mannii*	
						SsAH	0,5 m	15%	- *Sericostachys scandens;* - *Gynura scandens;* - *Galiniera coffeoides;* - *Asplenium elliotii;* - *Asplenium manii;*	

Fórmula:A9B7S1H1G+

Legenda (explicação das abreviaturas)

Referência das observações	Actividades humanas	Fauna	Observações do habitat	
Lat: latitude	**Surf**: Superfície	**Nbr**: Número	**Estratos**	**Altura (m)**
Lon: Longitude			**A-TGA:** Arborescente com árvores muito grandes	30< 50
			A-GA: Arborescente com árvores de grande porte	20<30
			A-AM: Arvores constituídas por árvores de pequeno e médio porte	7<20
Topo: Topografia			**aB**: arbustivo	2<7
			SsAH: Subarbustivo e/ou herbáceo	<2
			Ht: Altura (m)	
			Rc: Recuperação (%)	

- Sítio Ndubura 3

A ficha LEM (quadro 34) apresenta as observações para o acompanhamento da dinâmica do sítio Ndubura 3. Espécies como *Symphonia globulifera*, *Chrysophyllum gorungosanum*, *Strombosia scheffleri*, *Myrianthus holstii*, *Tabernaemontana johnstonii*, *Neoboutonia macrocalyx*, *Macaranga kilimandscharica*, *Xymalos monospora*, etc., caracterizam os três estratos arbóreos. O estrato arbustivo é dominado por *Chassalia subochreata*, *Xymalos monospora*, *Myrianthus holstii*, *Symphonia globulifera* e outros. O coberto herbáceo é dominado por fetos da família Aspleniaceae, intercalados por rebentos jovens das espécies acima referidas. Não foi observada qualquer atividade humana ou sinais de fauna neste habitat.

Quadro 34: Ficha de monitorização da dinâmica do habitat para o sector Teza do PNK (sítio Ndubura 3)

GPS	Altura: 2281 m		S 03°12.887'		E 029°32.312'			Topo: 30% de desconto	Data: 10/06/2013
Actividades humanas		Fauna			Observações do habitat				
Tipo	Surf	Sinal	Espécies	Nbr	Tipo	Estratos	Ht	Rc	Espécies
					Chrysophyllum gorungosanum floresta primária	**A-TGA**	35 m	65%	- *Symphonia globulifera*; - *Chrysophyllum gorungosanum*; - *Strombosia scheffleri*
						A-GA	25 m	50%	- *Macaranga kilimandscharica*; - *Chrysophyllum gorungosanum*; - *Tabernaemontana johnstonii*; - *Xymalos monospora*; - *Myrianthus holstii*;
						A-AM	15 m	20%	- *Tabernaemontana johnstonii;* - *Neoboutonia macrocalyx;* - *Myrianthus holstii;* - *Symphonia globulifera;* - *Xymalos monospora*
						aB	5 m	60%	- *Chrysophyllum gorungosanum;* - *Myrianthus holstii;* - *Chassalia subochreata* - *Strombosia scheffleri;* - *Xymalos monospora*
						SsAH	0,8 m	30%	- *Asplenium dregeanum*; - *Asplenium elliotii*; - *Hypoestes forskaolii*; - *Chassalia subochreata* ; - *Rauvolfia mannii*

Fórmula:A9B6S2H1G0

Legenda (explicação das abreviaturas)

Referência das observações	Actividades humanas	Fauna	Observações do habitat	
Lat: latitude	**Surf**: Superfície	**Nbr**: Número	**Estratos**	**Altura (m)**
Lon: Longitude			**A-TGA:** Arborescente com árvores muito grandes	30< 50
			A-GA: Arborescente com árvores de grande porte	20<30
			A-AM: Arvores constituídas por árvores de pequeno e médio porte	7<20
N: Número			**aB**: arbustivo	2<7
Topo: Topografia			**SsAH**: Subarbustivo e/ou herbáceo	<2
			Ht: Altura (m)	
			Rc: Recuperação (%)	

IV.2. DISCUSSÃO

IV.2.1. Caraterísticas florísticas

IV.2.1.1. Riqueza florística

Na nossa área de estudo, considerando os grupos sistemáticos, as dicotiledóneas dominam com 129 (77,71%) de todas as espécies inventariadas. As famílias mais representadas são Rubiaceae, Asteraceae, Acanthaceae, Aspleniaceae, Orchidaceae, Euphorbiaceae, Urticaceae, Verbenaceae e Fabaceae. Manirakiza (2013), em Rwegura, verificou que as famílias mais representadas eram: Asteraceae, Rubiaceae, Orchidaceae, Aspleniaceae, Euphorbiaceae, Urticaceae, Fabaceae, Acanthaceae e Apocynaceae. Em Bugarama (Kibira), Wibereho (2010) constatou que as famílias mais representadas eram Asteraceae, Rubiaceae, Euphorbiaceae, Fabaceae, Solanaceae, Acanthaceae, Rosaceae, Urticaceae, Cucurbitaceae e Polygonaceae. Habiyaremye (1995), que trabalhou nas florestas (Gishwati, Mukura, Nyungwe) da cordilheira Congo-Nilo, elaborou uma lista semelhante à atual. Os resultados são comparáveis.

Em termos de grupos de plantas, foram inventariadas 166 espécies divididas em 132 géneros e 73 famílias. O sítio Ndubura 2 registou menos espécies. Este facto pode ser explicado pela quase inexistência do estrato herbáceo devido ao facto de as copas das árvores impedirem a penetração da luz no solo. Esta falta de especificidade pode também estar ligada à presença de *Urera hypselodendrum* e *Simirestis goetzenii*, que são lianas consideradas competitivas e que podem prejudicar a regeneração e o desenvolvimento da floresta. O sítio Kaziramihunda 2 tem mais espécies. Este facto pode ser explicado pela boa penetração da luz no solo, que favorece o desenvolvimento do estrato herbáceo. A diferença no número de espécies nos locais de estudo pode também ser explicada pelo seu estado de evolução.

Os sítios menos evoluídos (Ndubura 1 e Rwahirirwa) e os sítios mais evoluídos (Ndubura 2 e Ndubura 3) têm menos espécies do que o sítio Kaziramihunda 1, que é moderadamente evoluído. A exceção é o sítio Kaziramihunda 2, que apresenta mais espécies apesar de ser mais evoluído. Esta situação mostra que a composição florística varia de sítio para sítio.

Os valores do índice de similaridade de Sorensen mostram que a maioria dos locais inquiridos tem semelhanças florísticas significativas, como é o caso de Kaziramihunda 1 e Rwahirirwa (*K* = 60,7), Kaziramihunda 1 e Kaziramihunda 2 (*K* = 62,3), Ndubura 2 e Ndubura 3 (*K* = 56,4) e muitos outros. Isto mostra que estes sítios têm muitas espécies comuns. A análise do dendrograma mostra uma clara dissimilaridade entre os sítios. O valor do quociente específico calculado para os diferentes sítios amostrados varia de 1,06 a 1,14, o que indica a maturidade da sua flora. Hakizimana et *al*, 2011, encontraram quocientes específicos de 1,44 e 1,37, respetivamente, para as florestas de Kigwena e Rumonge. Estes resultados mostram que Teza permanece mais estável do que Kigwena e Rumonge.

IV.2.1.2. Formas biológicas

A análise das formas biológicas revelou que os fanerófitos dominam com 63,8% do espetro bruto e 93,3% do espetro ponderado na área de estudo, destacando o carácter florestal de Kibira (Teza). Manirakiza (2013) verificou que as fanerófitas dominam sobre outras formas biológicas com um espetro bruto de 59% em Rwegura, Wibereho (2010) verificou que as fanerófitas dominam com um espetro bruto de 60,2% em Bugarama, Lewalle (1972) verificou um espetro bruto de 68,5% e 76% do espetro ponderado ao nível do horizonte médio, Habonayo e Ndihokubwayo (2011) verificaram que os fanerófitos representavam 72% e 67,9% do espetro bruto nas zonas degradadas e não degradadas, respetivamente, em Rwegura, enquanto Karisabiye e Nduwimana (2001) encontraram 71,9% do espetro bruto de fanerófitos em Mpotsa. Os resultados do presente estudo não diferem dos destes autores.

As proporções significativas de camfitos (15% do espetro bruto e 2,2% do espetro ponderado) estão ligadas à estratégia de tolerância ao stress luminoso. Uma comparação das formas biológicas entre os sítios mostra que os sítios considerados mais avançados (Ndubura 2, Ndubura 3 e Kaziramihunda 2) têm níveis elevados de fanerófitos. Habiyaremye (1995) salienta que a importância dos fanerófitos aumenta com o grau de maturidade das fitocenoses. No entanto, no sítio de Rwahirirwa, a taxa de camfitos e terófitos aumentou em detrimento dos fanerófitos, em comparação com os outros sítios. Isto leva-nos a concluir que os sítios amostrados se encontram em diferentes estádios de evolução.

IV.2.1.3. Caraterísticas fitogeográficas

A análise da distribuição fitogeográfica das espécies recolhidas no sector Teza do PNK mostra que as espécies montanas ocupam o primeiro lugar com 42,7% do espetro bruto. A elevada proporção destas espécies prova que esta zona é tipicamente montana. Manirakiza (2013), que trabalhou no sector Rwegura do PNK, constatou que as espécies montanas dominam com 44,1% do espetro bruto. Habiyaremye (1993), que trabalhou nas florestas (Gishwati, Mukura, Nyungwe) do cume do Zaire-Nilo, descobriu que a maioria das espécies (45%) tem uma distribuição afromontana para florestas primárias. Estes resultados colocam as várias áreas de estudo no domínio afromontano ao nível do distrito de floresta tropical de montanha.

A taxa de espécies de grande porte encontrada (8,9%) é inferior às taxas encontradas por Manirakiza (2013) (12,4%) em Rwegura, por Wibereho (2010) (24,7%) em Bugarama, por Karisabiye e Nduwimana (2001) (34,30%) em Mpotsa, um sinal de que Teza é menos perturbado, dado que a elevada taxa destas espécies é, segundo Lewalle (1972), uma indicação de perturbação ou banalidade das formações vegetais. Os sítios Ndubura 1 e Rwahirirwa são ricos nestas espécies, o que prova que os sítios se encontram em diferentes níveis de evolução. Considerando o elemento de base montana, o grupo omni-montano (Mo) domina em toda a área de estudo.

IV.2.2. Caraterísticas estruturais

Do ponto de vista fisionómico, a vegetação do sector Teza do PNK divide-se em 5 estratos: o estrato arbóreo superior, o estrato arbóreo médio, o estrato arbóreo inferior, o estrato arbustivo e o estrato sub-arbustivo e/ou herbáceo. As árvores gigantes *Prunus africana* e *Polyscias fulva* foram encontradas no horizonte médio (Kaziramihunda 2). Estes resultados não são diferentes dos de Lewalle (1972), que encontrou árvores gigantes das mesmas espécies neste horizonte. Os sítios amostrados são fisionomicamente diferentes. Kaziramihunda 1 e Rwahirirwa são florestas secundárias de montanha, Kaziramihunda 2, Ndubura 2 e Ndubura 3 são florestas primárias, enquanto Ndubura 1 é um terreno baldio.

Analisando a distribuição dos caules por classe de circunferência, 55% dos caules medidos tinham uma circunferência entre 15 e 34 cm. A elevada proporção de caules com pequenas circunferências poderá indicar a existência de condições naturais favoráveis à regeneração natural nos últimos anos para as espécies observadas. Estes resultados são algo semelhantes aos de Manirakiza (2013), que encontrou 61% de caules com uma circunferência entre 15 e 29 cm em Rwegura, mas muito diferentes dos de Wibereho (2010), que encontrou 80% de caules com uma circunferência entre 10 e 29 cm em Bugarama. Esta diferença indica que os habitats inquiridos são mais avançados do que os de Rwegura e Bugarama.

Em termos de densidade da madeira, são 641 plantas/ha com uma circunferência superior a 30 cm. Este valor é superior aos 396 pés/ha encontrados por Manirakiza (2013) em Rwegura, excluindo o bambu, e aos 330 pés/ha encontrados por Wibereho em Bugarama. Isto significa que Teza continua a ser mais ou menos densa em comparação com Rwegura e Bugarama. A análise revela que a densidade da madeira difere consoante o local e o tipo de planta.

No que diz respeito aos caules com mais de 34 cm de circunferência, o sítio Kaziramihunda 1 ocupa o primeiro lugar com 891 plantas/ha, enquanto o sítio Ndubura 1 ocupa o último lugar com 113 plantas/ha, o que reforça a ideia de que os sítios estão a evoluir de formas diferentes.

As áreas basais calculadas classificam Kaziramihunda 1, Rwahirirwa e Ndubura 2 como florestas tropicais densas de acordo com a classificação de Mosango e Lejoly (1990), que considera um intervalo entre 23 e 50 m^2/ha para este tipo de floresta. ^{2}Kaziramihunda 2 e Ndubura 3 excedem este limite, enquanto a baixa área basal (5,2 m /ha) de Ndubura 1 classifica-a como terreno baldio. Isto confirma que os sítios se encontram em diferentes estádios de evolução.

A quantificação da folhada mostra que a percentagem de elementos de tamanho pequeno (nível 1 e 2) é elevada, com cerca de 71,65% de toda a folhada recolhida, o que evidencia uma boa decomposição da folhada na nossa área de estudo. Manirakiza (2013) encontrou a mesma constante em Rwegura, onde recolheu uma grande quantidade de elementos de nível 1 e 2, com 70,87% de todo o lixo recolhido. Nzigidahera (2012) conseguiu mostrar que a folhada é mais fina e, portanto, está em processo de decomposição nas florestas de montanha do que nas florestas de planície, mas não faltam excepções.

O coeficiente de correlação de Pearson r calculado entre a área basal e a densidade da madeira para toda a área de estudo é baixo (r = 0,4), mas depois de omitirmos Kaziramihunda 1 temos uma correlação significativa (r = 0,7), o que se deve ao facto de este local ter uma densidade de madeira elevada com uma área basal que não é baixa em comparação com os outros locais.

O coeficiente de correlação de Pearson r calculado entre a área basal e o número de elementos de folhada após a omissão de Kaziramihunda 2 é significativo (r = 0,8), pelo que deduzimos que, ao nível de Teza, se trata de árvores de grande porte que libertam uma grande quantidade de folhada. Estes resultados não são diferentes dos de Manirakiza (2013) que encontrou r = 0,80 em Rutongati 2. O coeficiente de correlação entre a densidade da madeira e a queda de folhada calculado com todos os conjuntos de dados é baixo (r = 0,1).

IV.2.3. Dinâmica do habitat

Os habitats estudados encontram-se em diferentes fases de evolução. Alguns estão em fases avançadas de evolução, como os sítios de Kaziramihunda 2, Ndubura 2 e Ndubura 3, que são florestas primárias. Outros não estão muito avançados, como Kaziramihunda 1 e Rwahirirwa, que são florestas secundárias. Ndubura 1 é o sítio menos desenvolvido, constituindo um terreno baldio pertencente ao período pré-florestal.

De acordo com os estádios fitodinâmicos que coexistem na crista do Congo-Nilo estabelecidos por Habiyaremye (1995), em caso de evolução progressiva, Kaziramihunda 1 tornar-se-á uma floresta primária com *Strombosia scheffleri* e *Symphonia globulifera* em 10 anos, Rwahirirwa tornar-se-á uma floresta primária com *Symphonia globulifera* em 10 anos, Kaziramihunda 2 evoluirá para o clímax, Ndubura 1 tornar-se-á uma floresta densa em 35 anos, e Ndubura 2 e Ndubura 3 evoluirão para o clímax. Em caso de evolução regressiva, Kaziramihunda 1 tornar-se-á um matagal pré-florestal em 35 anos, e Rwahirirwa tornar-se-á um terreno baldio pertencente ao matagal pré-florestal em 35 anos, Kaziramihunda 2 tornar-se-á uma floresta secundária com *Myrianthys holstii* e *Tabernaemontana johnstonii* em 10 anos, Ndubura 1 cairá para a fase pioneira em 5 anos, Ndubura 2 tornar-se-á um terreno baldio herbáceo em 40 anos e Ndubura 3 tornar-se-á uma floresta secundária com *Myrianthys holstii* em 10 anos.

Os habitats estudados não apresentam sinais de evolução regressiva. Com exceção do sítio Rwahirirwa, onde se verificou um corte de madeira morta, não foi observada qualquer outra ação humana na nossa área de estudo. Com base nesta situação, podemos esperar que a atividade humana seja sempre mínima, o que favorecerá a evolução progressiva da área de estudo.

CONCLUSÃO E RECOMENDAÇÕES

O objetivo geral do nosso trabalho, intitulado "**Estudo da vegetação do Parque Nacional de Kibira: *sector de Teza***", foi o de constituir a base de dados necessária para o acompanhamento da dinâmica dos habitats, das populações e das espécies na gestão do PNK. As hipóteses iniciais eram que os habitats do PNK estão em diferentes estádios de evolução, que as caraterísticas florísticas e estruturais variam de um habitat para outro e que os habitats do PNK estão a seguir uma evolução regressiva. Seis locais - Kaziramihunda 1, Rwahirirwa, Kaziramihunda 2, Ndubura 1, Ndubura 2 e Ndubura 3 - foram definidos ao longo do mesmo transecto.

Em termos de composição florística, foram inventariadas 166 espécies divididas em 132 géneros e 73 famílias. As dicotiledóneas dominam com 129 espécies, ou seja, 77,71% do total de espécies. As famílias Rubiaceae (8,43%), Asteraceae (4,82%), Aspleniaceae (4,82%), Acanthaceae (4,22%) e orchidaceae (4,22%) são as mais dominantes. O sítio Ndubura 2 é o menos fitodiverso com 50 espécies, ou seja, 30,12% de todas as espécies inventariadas, enquanto o sítio Kaziramihunda 2 é o mais fitodiverso com 104 espécies, ou seja, 62,65% de todas as espécies inventariadas. Os valores do índice de similaridade de Sorensen encontrados pela comparação de diferentes sítios mostram que a maioria deles tem muitas espécies em comum, enquanto o dendrograma mostra uma clara dissimilaridade. Os valores do quociente específico para os diferentes sítios, que variam entre 1,06 e 1,14, atestam a maturidade da sua flora.

A análise das formas biológicas mostra o predomínio dos fanerófitos (63,8% do espetro bruto), seguidos dos caméfitos (15% do espetro bruto). A elevada proporção de fanerófitos mostra que o carácter florestal foi preservado em Teza, enquanto a proporção significativa de caméfitos reflecte uma estratégia de adaptação ao stress luminoso. A análise dos elementos fitogeográficos evidencia a predominância de espécies de montanha com 42,7% do espetro bruto, o que situa a área de estudo no domínio afromontano ao nível da zona de floresta tropical de montanha.

Em termos de densidade do povoamento, foram contados 831 caules, dos quais 134, ou 16,1%, eram de *Macaranga kilimandscharica.* 55% tinham circunferências entre [15-35] cm. O grande número de caules com pequenas circunferências indica-nos que existe uma boa regeneração florestal na área de estudo. A densidade de madeira em toda a área de estudo foi estimada em 1187 árvores/ha. As superfícies dos sítios Kaziramihunda 1, Rwahirirwa e Ndubura 2 classificam-nos como florestas tropicais densas, segundo a definição de Mosango e Lejoly (1990), enquanto Kaziramihunda 2 e Ndubura 3 ultrapassam os limites da classificação. ^{2}O sítio Ndubura 1 tem apenas 5,2 m /ha e é classificado como terreno baldio. Do ponto de vista fisionómico, foram observados estratos que variam de 3 a 5 em toda a área de estudo. A decomposição do lixo é muito significativa em toda a área de estudo. O sítio Kaziramihunda 2 tinha uma pequena quantidade de folhada em comparação com os outros sítios mais avançados. A relação área basal-densidade da madeira para todos os conjuntos de dados mostra uma correlação não significativa (r = 0,4), mas depois de omitir o sítio Kaziramihunda 1, temos uma boa correlação (r = 0,7).

A área basal e a folhada para todos os sítios não mostram uma boa linearidade (r = 0,4), mas depois de omitir o sítio Kaziramihunda 2 temos uma boa correlação (r = 0,8). A relação entre a densidade de madeira e a quantidade de folhada para toda a área de estudo apresenta uma linearidade fraca (r = 0,1).

Os habitats nos locais estudados encontram-se em diferentes fases de evolução. Os sítios de Kaziramihunda 2, Ndubura 2 e Ndubura 3 são florestas primárias, enquanto os sítios de Kaziramihunda 1 e Rwahirirwa são florestas secundárias. Ndubura 1, o sítio menos desenvolvido, é classificado como um terreno baldio pertencente aos recursos pré-florestais. Estes sítios evoluirão de forma diferente ao longo do tempo. Com exceção do sítio de Rwahirirwa, onde foi cortada madeira morta, não foi observada qualquer outra atividade humana na área de estudo. A ausência de cepos de árvores que poderiam ter sido cortados é total. Assim, como acabámos de mostrar, uma das nossas hipóteses de que os habitats do PNK estão a seguir uma tendência regressiva é invalidada. Por outro lado, a maioria dos sítios estudados apresenta uma tendência ascendente.

Considerando que a desflorestação e a perda de diversidade genética são alguns dos problemas que estão atualmente no centro das preocupações da opinião pública internacional, conscientes do perigo real ligado ao desaparecimento sem precedentes da rica flora e fauna do PNK e convencidos de que o nosso património ainda não perdeu completamente o seu valor, foram formuladas as seguintes recomendações:

- Aplicar as várias leis que existem no terreno para proteger áreas protegidas no Burundi em geral e no PNK em particular;
- Aumentar o número de guardas florestais para cobrir a totalidade da área protegida e dotá-los de equipamentos mais adaptados às suas tarefas (botas, mochilas, instrumentos de comunicação, etc.);
- Utilizar materiais duráveis para marcar o nosso transecto, uma vez que podem ser efectuadas investigações posteriores ao longo do mesmo para melhorar os resultados deste estudo;
- Aumentar o número de estudos sobre o PNK para conhecer melhor este maciço florestal, nomeadamente através da inventariação de toda a sua flora;
- Planear estudos semelhantes nos mesmos locais estudados, sobretudo nos próximos anos, com o objetivo de acompanhar rigorosamente a dinâmica da vegetação do PNK.

BIBLIOGRAFIA

Bangirinama, F., (2010). Processos de restauração do ecossistema durante a dinâmica pós-cultivo no Burundi: Mecanismos, caraterização e séries ecológicas. Tese de doutoramento, Fac. Sc. ULB, 222 p.

Cordonnier, T., (2014). Área basal: métodos de medição e interesses, 8p.

FAO, (2002). Estudo de caso de gestão florestal exemplar na África Central: Parque Nacional de Kibira, Burundi. Documento de trabalho FM/9F. Serviço de Desenvolvimento de Recursos Florestais, Divisão de Recursos Florestais. FAO, Roma, 32 p.

Fischer, E., Killmann, D., Delepierre, G. & Lebel J.-P., (2010).The orchids of Rwanda.Koblenz Geographical Colloquia, Series Biogeographical Monographs 2, 439 p.

Fischer, E., Killmann, D., (2008). Guia de Campo Ilustrado das plantas do Parque Nacional de Nyungwe, Ruanda, Colóquios Geográficos de Koblenz, Série Monografias Biogeográficas1, 771 p.

Gourlet, S., (1986). Le Parc National de la Kibira au Burundi ; quelles potentialités pour quel avenir ? Relatório de estágio, ENGREF (Montpelliet), 97 p.

Habiyaremye, F.M., (2012). Suivi de la dynamique des habitats dans les aires protégées en République du Burundi, syllabus, 83 p.

Habiyaremye, F.M., (1995). Estudo fito-coenológico da crista oriental do lago Kivu (Ruanda). Tese de doutoramento, Fac. Sc. ULB, 371 p.

Habiyaremye, F.M., (1993). Analyses phytosociologique des forêts primaires mésophiles de la Crête Zaïre- Nil au Rwanda; *Belgian journal of Botany*, nº 126 (1): 100- 135.

Habonayo, R., Ndihokubwayo, N., (2011). Determinação de indicadores de degradação no Parque Nacional de Kibira (Burundi): Cas du secteur Rwegura. Mémoire de Master complémentaire en Sciences de l'environnement, 61p.

Habonimana, B., Nzigidahera, B., Cimanimpaye, C., (2007). Etude d'exploitation et de conservation d'*Arundinalia alpina* Michaux, espèce menacée d'extinction au Burundi, *Bulletin Scientifique de l'I.N.E.C.N* 4: 3-8.

Habonimana, B., Nzigidahera, B., Inamahoro M., (2007). Approche participative d'identification des espèces végétales autochtones menacées au Burundi: Diagnostic des connaissances traditionnelles, *Bulletin Scientifique de l'I.N.E.C.N* 2: 10-16.

Hakizimana, P., (2012). Análise da composição, estrutura espacial e recursos vegetais naturais recolhidos na floresta densa de Kigwena e na floresta aberta de Rumonge no Burundi. Tese de doutoramento, Université Libre de Bruxelles, 247 p.

Hakizimana, P., Bangirinama, F., Habonimana, B., Bogaert, J., (2011). Analyse comparative de la flore de la forêt dense de Kigwena et de la forêt claire de Rumonge au Burundi, *Bulletin Scientifique de l'I.N.E.C.N* 9: 53-61.

IGEBU, (2015). Boletim climatológico mensal (1984- 2014).

Krug, O., (1993). Estudo dos sistemas de produção e agrários das três comunas limítrofes do Parque Nacional de Kibira: propostas para a redução dos conflitos. Dissertação DSPV Formação Superior Tropical do CIHEAM, INECN, 71 p.

Lewale, J., (1972). Les étages de végétation du Burundi occidental. *Boletim do Jardim Botânico Nacional da Bélgica*, 42 (1/2): 1-247.

Manirakiza, M., (2013). Etablissement de la situation de référence dans le but du suivi de la dynamique des habitats au Parc National de la Kibira: cas du secteur Rwegura. Mémoire d'Ingénieur Agronome; UB (FACAGRO), 111p.

Masharabu, T., (2012). Flora e vegetação do Parque Nacional de Ruvubu no Burundi: diversidade, estrutura e implicações para a conservação. Tese de doutoramento, Université Libre de Bruxelles, 224 p.

Nderagakura, D., (1999). Etude de la dynamique des infractions et approche rationnelle de gestion communautaire des aires protégées du Burundi: cas du parc national de la Kibira. Mémoire d'Ingénieur Agronome; UB (FACAGRO), 80 p.

Ndayikeza, W., Niyimpaye, J., (2007). Contribution à l'étude des interrelations entre la population de Musigati et le Parc National de la Kibira. Dissertação de engenharia industrial, UB, 69 p.

Niyukuri, J., (2012). Analyse de l'effet lisière de la forêt du parc national de la Kibira: cas des lisières anthropiques du secteur Rwegura. Mémoire de Master complémentaire en Sciences de l'environnement, 92 p.

Ntibarirarana, R., (2002). Contribution à l'étude des ressources végétales exploitables du Parc National de la Kibira. Tese de Engenharia Industrial, UB, 75 p.

Nzigidahera,B., (2012). Sobre a relação entre a fisionomia florestal e a estrutura e abundância da folhada: abordagem metodológica e aplicação às florestas naturais do Burundi. *Boletim Científico do I.N.E.C.N* 10: 46-61.

Nzigidahera, B., (2000). Etude de la biodiversité nationale et identification des priorités pour sa conservation. Bujumbura- Burundi, 125 p.

Ramade, F., (2009). Elementos de ecologia. Ecologia fundamental, 4ème edição, Paris, 656 p.

Salvaudon, A., (2006). °Gestion des milieux et des espèces, Memento de terrain n 83, 3p.

Sedjar, A., (2012). Biodiversidade e dinâmica da vegetação num ecossistema florestal: o caso do djebel Boutaleb. Tese de mestrado, Université Ferhat Abbas-Sétif, 91 p.

Troupin, G., (1988). Flora do Ruanda. Espermatófitas, volume 4. Musée Royale de l'Afrique Centrale, Tervuren (Bélgica), 651 pp.

Troupin, G., (1985). Flora do Ruanda. Espermatófitas, volume 3. Musée Royale de l'Afrique Centrale, Tervuren (Bélgica), 729 pp.

Troupin, G., (1983). Flora do Ruanda. Espermatófitas, volume 2. Museu Real da África Central, Tervuren (Bélgica), 603 pp.

Troupin, G., (1978). Flora do Ruanda. Espermatófitas, volume 1. Musée Royale de l'Afrique Centrale, Tervuren (Bélgica), 413 pp.

IUCN, (2011). Parques e Reservas do Burundi. Avaliação da eficácia de la gestion des aires protégées, 107 p.

Wibereho, W., (2010). Contribution à l'étude de la dynamique de la végétation du Parc National de la Kibira en zone de Bugarama; Mémoire d'Ingénieur Agronome; UB (FACAGRO), 105 p.

APÊNDICES

Apêndice 1: Lista e distribuição das espécies recolhidas sítio a sítio

N.B: Para os sítios, 1 = Sítio Kaziramihunda 1, 2=Sítio Rwahirirwa, 3= Sítio Kaziramihunda 2, 4= Sítio Ndubura 1, 5= Sítio Ndubura 2, 6= Sítio Ndubura 3.

Famílias	Géneros	Espécies	Nomes comuns	FB	PE	Sítios e colecções					
						1	2	3	4	5	6
DICOTILEDONES											
Acantáceas	*Mimulopsis*	*Mimulopsis solmsii Schweinf.*	Umuna	P	Mo		+		+		
Acantáceas	*Brachystephanus*	*Brachystephanus africanus* S. Moore		P	Mo						+
Acantáceas	*Brillantaisia*	*Brillantaisia cicatricosa* Lindau	Ikinyakoko	P	SZ(O)		+	+	+		
Acantáceas	*Hipoestes*	*Hypoestes forskaolii*(Vahl) Sol		P	Pal						+
Acantáceas	*Justiça*	*Justicia flava* (Vahl) Vahl		Ch	Plur			+	+		
Acantáceas	*Isoglossa*	*Isoglossa gregorii* (S.Moore) Lindau		Ch				+	+		
Acantáceas	*Anisosepalum*	*Anisosepalum humbertii* (Mildbr.) E.Hossain	Akarishampongo	Ch	Mo		+				+
Alangiaceae	*Alangium*	*Alangium chinense* (L.f) Redher	Umukofo	P	Pal	+		+			+
Amaranthaceae	*Sericostachys*	*Sericostachys scandens* Gilg & Lopr.	Igitifu	P	Mo(EA)	2	+	2	+	2	
Anonáceas	*Monantotaxia*	*Monanthotaxis orophila* (Boutique) Verdc.	Busase	P	Mo	+	+				+
Apocináceas	*Rauvolfia*	*Rauvolfia manni* Estafilococos	Ibamba	P	Mo	1	+	1		1	
Apocináceas	*Tabernaemontana*	*Tabernaemontana johnstonii* (Staph) Pichon	Umudwedwe	P	Mo	2	+	3		2	+
Araliaceae	*Schefflera*	*Schefflera goetzenii* Harms	Ikizibakanwa	P	Mo	+	2	+			2
Araliaceae	*Schefflera*	*Schefflera abyssinica* (Hochst. Ex A. Rich.)	Umushorwe	P	Mo	1	+	+			
Araliaceae	*Poliscia*	*Polyscia fulva* (Hiern) Harms	Umwungo	P	Mo	2		2		2	+
Asclepiadáceas	*Cynanchum*	*Cynanchum schistoglossum* L.		Ch	SZ(OZ)	+		+		+	+
Asclepiadáceas	*Rhynchostigma*	*Rhynchostigma racemosum* Benth		P	Mo(EA)	+	+				
Asclepiadáceas	*Tacazzea*	*Tacazzea apiculata* Oliv.	Umunondo	P	Mo		+	+	+		
Aspidiaceae	*Tectária*	*Tectaria gemmifera* (Fairy) Alston		G	Plur Afr			+			
Asteraceae	*Gynura*	*Gynura scandens* o. Hoffm	Ikidasha	P	Mo(EA)		+	+	1	+	
Asteraceae	*Mikaniopsis*	*Mikaniopsis usambarensis* (Muschler) Milne-								+	
Asteraceae	*Mikania*	*Mikania capensis* DC.		P	Afr Mal	+			+	+	
Asteraceae	*Crassocephalum*	*Crassocephalum rubens* (Juss.ex Jacq.) S. Moore	Igifurifuri	O	Plur Afr		+	+			

Asteraceae	*Crassocephalum*	*Crassocephalum montuosum*(Juss.ex Jacq.) S.	Igifurifuri	Ch	Afr Trop		+				
Asteraceae	*Sigesbeckia*	*Sigesbeckia orientalis* L.								+	
Asteraceae	*Adenostemma*	*Adenostemma viscosum* J.R. Forst. & G. Forst		O	Subcosmo			+			+
Asteraceae	*Senecio*	*Senecio mannii* (Hook.f.) C.Jeffrey Moore	Umutagari	P	SZ-Mo				+		
Balsamináceas	*Impatiens*	*Impatiens keilii* Gilg	Igisogoro								+
Balsamináceas	Impatiens	*Impatiens burtonii* Hook.f.	Igisogoro	O	SZ-Mo	1	2		1		
Balsamináceas	Impatiens	*Impatiens stuhlmannii* Warb.	Igisogoro	Ch	SZ(Mo)	+		+	+		+
Balsamináceas	Impatiens	*Impatiens purpureo-violacea* Gilg	Igisogoro	Ch	Mo(EA)	+	2	+			
Basellaceae	*Basileia*	*Basella alba* L.	Inderama	P	Panela				+		1
Begoniaceae	*Begónia*	*Begonia meyeri-johannis* Engl.	Agafumbafumba	P	Mo	+	+	+	+	+	
Campanuláceas	*Canarina*	*Canarina eminii* Asch. & Schweinf.		E	Mo(EA)		+	+			
Caryophyllaceae	*Drymaria*	*Drymaria cordata* (L.) Willd.ex Roem & Schult.	Ururarwinzovu	Ch	Panela				+		
Celastraceae	*Gymnosporia*	*Gymnosporia acuminata* (L. f.) Szyszyl.		P	Plur	+	+	+		+	
Chrysobalanacea	*Magnistipula*	*Magnistipula butayei* De selvagem.	Umushwankima	P	SZ(OZ)	+		+			+
Chrysobalanacea	*Parinari*	*Parinari excelsa* Sabine	Umunazi	P	Plur Afr					+	
Clusiaceae	*Garcinia*	*Garcinia volkensii* Engl.	Umutundati							+	
Clusiaceae	*Sinfonia*	*Symphonia globulifera* L.f.	Umushishi	P	Panela	1	1	+		+	+
Connaraceae	*Jaundea*	*Jaundea pinnata* (P.Beauv.) Schellenb.	Umuhasha	P	L.SZ-G	+	+	+		+	
Convolvuláceas	*Ipomoea*	*Ipomoea rubens* Choisy	Umurandaranda	Ch	Pal	+	+				
Crassuláceas	*Kalanchoe*	*Kalanchoe crenata* (Andrews) Haw.	Igiteneteno	Ch	L.SZ-G	+		+			
Cucurbitáceas	*Momordica*	*Momordica foetida* Schumach.	Umwishwa	Ch	Plur Afr	+		+	+		+
Cucurbitáceas	*Coccínia*	*Coccinia mildbraedii* Harms	Icungucamuhare	P	SZ(O)		+	+		+	+
Cucurbitáceas	*Raphidiocystis*	*Raphidiocystis phyllocalyx* C.Jeffrey & Keraudren		P	Mo	+	+		+		
Euphorbiaceae	*Macaranga*	*Macaranga kilimandscharica* pax	Umutwenzi	P	Mo(EA)	2	2	1		2	
Euphorbiaceae	*Alchornea*	*Alchornea hirtella* Benth.	Imvobo	P	L.SZ-G		1	1	+	3	
Euphorbiaceae	*Eritrococca*	*Erythrococca bongensis* Pax	Umutinti	P	SZ(Mo)			+	+	+	+
Euphorbiaceae	*Neoboutonia*	*Neoboutonia macrocalyx* Pax	Igihondogori	P	Mo			+	2		
Euphorbiaceae	*Bridélia*	*Bridelia brideliifolia* (Pax) Fedde	Umugimbu	P	SZ(Mo)			+			+
Euphorbiaceae	*Shirakiopsis*	*Shirakiopsis elliptica* (Hochst.) Esser	Umusasa	P	L.SZ-G		+				+
Euphorbiaceae	*Acalifa*	*Acalypha ornata* Hochst. ex A.Rich.		P	L.SZ-G				+		
Fabáceas	*Dalbergia*	*Dalbergia lactea* Vatke	Umuhasha	P	Afr Trop			+	+		
Fabáceas	*Desmodium*	*Desmodium repandum* (Vahl) D.C.		Ch	Pal		+	+		+	
Fabáceas	*Mimosa*	*Mimosa montana*	Uruzira					+			+

Fabáceas	*Acácia*	*Acacia montigena* Brenan	Umubambangwe					+			
Fabáceas	*Teramnus*	*Teramnus labialis* (L.f.) Sprengel		Ch	G			+			
Flacourtiaceae	*Lindackeria*	*Lindackeria kivuensis* Bamps	Umukundambazo	P	SZ(O)	+		+			
Geranáceas	*Gerânio*	*Gerânio (Geranium aculeolatum* Oliv.)		Ch	SZ(EOZ)				+		
Hippocrateaceae	*Simirestis*	*Simirestis goetzei* (Loes.) N. Hallé ex R. Wilczek		P	SZ(OZ)			+		+	
Lamiaceae	*Plectranthus*	*Plectranthus melleri* Baker	Igifashi	Ch	Mo(EA)	+	+			+	2
Lamiaceae	*Achyrospermum*	*Achyrospermum micranthum* Perkins	Igifashi					+			2
Lamiaceae	*Isodonte*	*Isodon ramosissimus* (Hook.f)Codd		Ch	Mo		+				2
Malvaceae	*Hibisco*	*Hibiscus ludwigii* Eckl. & Zeyh.		P	SZ(EOZ)				+		
Meliáceas	*Lepidotrichilia*	*Lepidotrichilia volkensii* (Guerkke) Leroy	Umutana	P	SZ-Mo			+			
Melianthaceae	*Bersama*	*Bersama abyssinica* Fresen.	Umurerabana	P	Mo	+	+	+			
Menispermáceas	*Stephania*	*Stephania abyssinica* (Quart. Dill & A.Rich.)	Umuhanda	P	Mo	+	+	+	+		
Monimiaceae	*Xymalos*	*Xymalos monospora* (Harv.)	Umuhotora	P	Mo	2	1	1		1	
Moráceas	*Myrianthus*	*Myrianthus holstii* Engl.	Umwufe	P	Mo	2	+	3		1	
Myrsinaceae	*Maesa*	*Maesa lanceolata* Forssk.	Umuhangahanga	P	Mo(EA)		+	+	+		+
Myrsinaceae	*Embélia*	*Embélia Schimperi* Vatke	Umukarakara	P	SZ(EOZ)	+	+	+			+
Myrsinaceae	*Embélia*	*Embelia libeniana* Taton		P	Mo(EA)	+	+	+		+	
Myrtaceae	*Syzygium*	*Syzygium parvifolium* (Engl.)Mildbr.	Umugoti	P	Mo(EA)	2	3	1		1	
Olacaceae	*Strombosia*	*Strombosia scheffleri* Engl.	Umushiga	P	Afr também	+				2	2
Oleáceas	*Jasmim*	*Jasminum pauciflorum* Benth.		P	G	+		+		+	
Oleáceas	*Jasmim*	*Jasminum schimperi* Vatke								+	+
Oleáceas	*Jasmim*	*Jasminum abyssinicum* Hochst.ex DC.		P	SZ(EOZ)					+	
Passifloraceae	*Adénia*	*Adenia bequaertii* Robyns	Umubururangwe	P	Mo				+		
Phytolaccaceae	*Phytolacca*	*Phytolacca dodecandra* L'Hér.	Umwokora	P	Afr Mal				+		
Piperaceae	*Piper*	*Piper capense* L.f.	Umukonjoro	P	Plur Afr	+		+	+		
Piperaceae	*Peperomia*	*Peperomia tetraphylla* (G.Forst.) Hook & Arn.		Ch	Panela	+	+	+		+	
Piperaceae	*Peperomia*	*Peperomia fernando-poiana* C.DC.		O	Mo	+		+			+
Piperaceae	*Peperomia*	*peperomia blanda* (Jacq.) Kunth				+		+			
Polygonaceae	*Rumex*	*Rumex abyssinicus* Jacq.	Igifumbafumba	G	Afr Mal				+		
Ranunculáceas	*Clematis*	*Clematis simensis* Fresen.		P	SZ				+		1
Ranunculáceas	*Thalictrum*	*Thalictrum rhynchocarpum* Dillon ex A.Rich.		H	Mo				+		
Rhamnaceae	*Gouânia*	*Gouania longispicata* Engl.	Umubimbafuro	P	L.SZ-G			+			+
Rosáceas	*Prunus*	*Prunus africana* (Hook.f.) Kalkman	Umuremera	P	Plur			2			+

Rosáceas	*Rubus*	*Rubus pinnatus* Willd.	Umukere	P	Mo	+	+		+		
Rosáceas	*Rubus*	*Rubus steudneri* Schweinf.	Umukere	P	Mo(EA)				+		
Rubiáceas	*Galinheira*	*Galiniera saxifraga*(Hochst.) Bridson	Ikiryoheramuhoro	P	Mo	1	1	+	+	+	
Rubiáceas	*Psicotria*	*Psychotria palustris* E.M.A.Petit	Ikiryohera	P	Fim	2	2	1	+	+	
Rubiáceas	*Psicotria*	*Psychotria bugoyensis* K.Krause	Ikiryohera	P	Mo(EA)						+
Rubiáceas	*Psicotria*	*Psychotria* sp. 1	Ikiryohera						+		
Rubiáceas	*Chassalia*	*Chassalia subochreata* (De Wild.) Robyns	Umukotambugita	P	Mo(EA)	1	+	+		2	
Rubiáceas	*Virectaria*	*Virectaria major* (K.Schum.) Verdc.	Umukizikizi	O	Mo		+				
Rubiáceas	*Oxyanthus*	*Oxyanthus speciosus* DC.	Umutore	P	Afr também	+		+			+
Rubiáceas	*Keetia*	*Keetia gueinzii*(Sond.) Bridson				+	1	1			
Rubiáceas	*Rytigynia*	*Rytigynia bridsoniiVerdc.*		P	Mo(EA)		+	+			1
Rubiáceas	*Rytigynia*	*Rytigynia kiwuensis* (K.Krause) Robyns	Umukondokondo	P	Mo(EA)	+	+	+			
Rubiáceas	*Sabicéia*	*Sabicea venosa* Benth.					+	+		+	+
Rubiáceas	*Vangueria*	*Vangueria apiculata* K.Schum.	Umutobo			+		+		1	
Rubiáceas	*Pauridiantha*	*Pauridiantha paucinervis* (Hiern) Bremek.	Umusivya	P	Mo	+		1			
Rubiáceas	*Sericanthe*	*Sericanthe burundensis* Robbr.				+				+	
Rubiáceas	Rubiaceae Indet	Rubiáceas 1							+		+
Rubiáceas	Rubiaceae Indet	Rubiáceas 2								+	+
Rubiáceas	Rubiaceae Indet	Rubiáceas 3								+	+
Rutáceas	Vepris	*Vepris* renieri (G.C.C. Gilbert) Mziray	Umuzonyarubabi	P	Fim	+				+	2
Sapindáceas	*Alófilo*	*Allophylus chaunostachys* Gilg	Umuvumereza	P	Mo	+		+		+	
Sapindáceas	*Alófilo*	*Allophylus ferrugineus Taub. var. ferrugineus*	Umuvumereza	P	SZ(OZ)		+				2
Sapindáceas	Sapindaceae Indet	Sapindáceas 1						+			
Sapotáceas	*Chrysophyllum*	*Chrysophyllum gorungosanum* Engl.	Umuko	P	Mo			1		3	+
Sapotáceas	*Afrosersalisia*	*Afrosersalisia rwandensis* (Troupin) Liben	Umuko	P	Mo(EA)	+					
Sapotáceas	*Synsepalum*	*Synsepalum* seretii (De Wild.) T. D. Penn.								+	
Solanáceas	*Solanum*	*Solanum nigrum* L.	Insogo	O	Cós				+		
Solanáceas	*Discopódio*	*Discopodium penninervium* Hochst.	Umurenga	P	Mo				+		+
Sterculiaceae	*Dombeya*	*Dombeya goetzenii* K.Schum.	Umukore	P	SZ(O)				1		+
Theaceae	*Balthasaria*	*Balthasaria schliebenii* (Melchior) Verdcourt	Umusasa			+	+	+			+
Tiliaceae	*Triumfetta*	*Triumfetta cordifolia* A.Rich.	Umusarenda	P	Afr também		+		+		
Urticáceas	*Laportea*	*Laportea alatipes* Hook.f.	Igisuru	O	Mo			+			
Urticáceas	*Urera*	*Urera hypselodendron* (Hochst.ex A.Rich.) Wedd	Umumbiri	P	Afr Mal	1	+	+	+	+	

Urticáceas	*Pilea*	*Pilea bambuseti* Engl.	Umunzenge	O	Mo			+	1		
Urticáceas	*Elatostema*	*Elatostema monticola* Hook.f.						+			
Urticáceas	*Laportea*	*Laportea ovalifolia* (Schum.) Chew						+	+		
Urticáceas	*Urtica*	*Urtica massaica* mildbr.		H	Mo			+			+
Verbenáceas	*Clerodendro*	*Clerodendrum johnstonii* Oliv	Umunyankuru	P	SZ-Mo	+					
Verbenáceas	*Clerodendro*	*Clerodendrum buchlolzii* GÜrke	Umugutabateme	P	Mo						+
Verbenáceas	*Clerodendro*	*Clerodendrum* Sp. 1							+	+	
Verbenáceas	*Clerodendro*	*Clerodendrum* Sp. 2				+		+			
Verbenáceas	*Clerodendro*	*Clerodendrum* Sp. 3								+	
Verbenáceas	*Clerodendro*	*Clerodendrum* Sp. 4									+
Vitaceae	*Cyphostemma*	*Cyphostemma mildbraedii* Gilg & M. Brandt	Agasharita	G	SZ(Z)	+		+	+		
MONOCOTILEDÓNEAS											
Antericáceas	*Chlorophytum*	*Chlorophytum sparsiflorum* Baker				+					+
Araceae	*Culcasia*	*Culcasia falcifolia* Engl.	Intaruka	P	Plur Afr	+		+	+	+	
Araceae	*Arisaema*	*Arisaema mildbraedii* Engl.		G	Mo(EA)	+	+	+			+
Commelinaceae	*Commelina*	*Commelina* sp. 1	Uruteza					+			+
Cyperaceae	*Cyperus*	*Cyperus pseudoleptocladus* kÜk.	Ikigaga	Ch	SZ(O)	+	+	+			+
Cyperaceae	*Cyperus*	*Cyperu* sp. 1	Ikigaga			+	+	+	+		
Dracaenaceae	*Dracaena*	*Dracaena afromontana* Mildbr.	Igishwankenke	P	Mo	1	1	1	+	2	
Musáceas	*Professor*	*Ensete ventricosum* (Welw.) Cheesman	Ikigomogomo	P	Mo			+	1		
Orquidáceas	*Diafanato*	*Diaphanathe bilobata* (Summerh.) Rasmussen.				+	+	+			
Orquidáceas	Habenaria	*Habenaria brachylobos* (Summerh.) Summerh.						+			
Orquidáceas	*Chamaeangis*	*Chamaeangis vesicata* (Lindl.) Schltr.						+			1
Orquidáceas	*Aerangis*	*Aerangis ugandensis* Summerh.		E	SZ(O)			+			
Orquidáceas	*Polistachya*	*Polystachya virginea* Summerh.		Ch	Mo(EA)			+			
Orquidáceas	*Polistachya*	*Polystachya gracilenta* Kraenzl.					+				
Orquidáceas	*Polistachya*	*Polystachya cultriformis* (Trouars) Lindl. ex		H	Afr Mal			+			
Poaceae	*Setária*	*Setaria megaphylla* (Steud.)T.Durand	Igikaranka	H	L.SZ-G	+	+		+		
Poaceae	*Isachne*	*Isachne mauritiana* Kunth	Inyegeshi	Ch	Afr Mal	+	+	+			
Smilacaceae	*Smilax*	*Smilax anceps* Willd.	Umusuri	P	Plur Afr	+	+	+			
PTERIDOPHYTES											
Aspleniaceae	*Asplénio*	*Asplenium dregeanum* Kunze	Agashurushuru	G	Plur Afr			+			
Aspleniaceae	*Asplénio*	*Asplenium mildbraedii* Hieron.	Agashurushuru						1		1

Aspleniaceae	*Asplénio*	*Asplenium elliotii* C.H. Wright	Agashurushuru	G	Mo	+	+	1		+	
Aspleniaceae	*Asplénio*	*Asplenium sandersonii* Hook.	Agashurushuru	H	Afr Mal		1	+			
Aspleniaceae	*Asplénio*	*Asplenium aethiopicum* (Burm.f.) Bech.	Agashurushuru	G	Pal			1			+
Aspleniaceae	*Asplénio*	*Asplenium glamosum* Willd	Agashurushuru					+			+
Aspleniaceae	*Asplénio*	*Asplenium mannii* Hook.	Agashurushuru	G	Afr Trop					1	2
Aspleniaceae	*Asplénio*	*Asplenium friesiorum* C.Chr.	Agashurushuru	G	Plur Afr		+				1
Cyatheaceae	*Cyathea*	*Cyathea dregei* Kunze	Mugogutarengwa	P				+			
Cyatheaceae	*Cyathea*	*Cyathea manniana* Hook.	Mugogutarengwa			+		1	+	+	+
Dennstaedtiaceae	*Pteridium*	*Pteridium aquilinum* (L.) Kuhn	Igishurushuru	G	Cós				+		
Dryopteridaceae	*Dryopteris*	*Dryopteris kilemensis* (Kuhn) Kuntze	Iraba				1	+		+	
Dryopteridaceae	*Dryopteris*	*Dryopteris pentheri* (Krasser) C.Chr.	Iraba	G	Plur Afr	+	+	+			
Dryopteridaceae	*Dryopteris*	*Dryopteris* sp. 1						+	+		
Oleandraceae	*Artrópteros*	*Arthropteris monocarpa* Auct.non (Cordem.)					+	+		+	1
Polipodiaceae	*Loxograma*	*Loxogramma abyssinica* (Baker) Preço		G	Afr Mal	+	+	+			+
Pteridáceas	*Pteris*	*Pteris kivuensis* C.Chr.				+		+			+
Vittariaceae	*Vittaria*	*Vittaria reekmansii* Pic. Serm.				+					+
BRYOPHYTES											
Hymenophyllace	*Crepidomanos*	*Crepidomanes inopinatum* (Pic. Serm.) J.P. Roux				+		+			+

Apêndice 2: Famílias dominantes por sítio

Espécies por família e por local Famílias	Kaziramihunda 1	Rwahirirwa	Kaziramihunda 2	Ndubura 1	Ndubura 2	Ndubura 3	Total
Plantas de folha larga	**21**	**21**	**39**	**22**	**18**	**23**	**60**
Acantáceas	0	3	3	4	0	4	7
Asteraceae	1	2	3	3	4	3	7
Balsamináceas	3	2	2	2	0	1	4
Euphorbiaceae	1	3	5	4	3	3	7
Fabáceas	0	1	5	1	1	1	5
Piperaceae	4	1	4	1	1	1	4
Rubiáceas	9	8	10	3	6	5	14
Urticáceas	1	1	6	3	1	2	6
Verbenáceas	2	0	1	1	2	3	6
Monocotiledóneas	**1**	**2**	**6**	**0**	**0**	**0**	**7**
Orquidáceas	0	2	6	0	0	0	7
Pteridófitas	**2**	**3**	**5**	**1**	**2**	**3**	**8**
Aspleniaceae	2	3	5	1	2	3	8
Total	**24**	**26**	**50**	**23**	**20**	**26**	**75**

Apêndice 3: Quadros que mostram a distribuição dos caules por classe de circunferência para os vários sítios Quadro 1: Sítio Kaziramihunda 1

Classes de circunferência	*Macaranga neomildbraediana*	*Tabernaemontana johnstonii*	*Xymalos monospora*	*Galiniera coffeoides*	*Psychotria palustris*	*Magnistipula butayei*	*Rytigynia Kivuensis*	*Dracaena afromontana*	*Bersama abyssinica*	*Polyscia fulva*	*Lindackeria kivuensis*	*Chassalia subochreata*	*Indistria*	*Shirakiopsis elliptica*	*Myrianthus holstii*	*Syzygium parvifolium*	*Cyathea sp*	*Total*	*percentagem*
[15-25[	12	22	13	20	11	3	8	1	1	0	2	1	0	0	4	3	2	103	**37,1**
[25-35[	27	18	8	3	2	1	1	1	0	0	0	0	1	0	2	1	3	68	**24,5**
[35-45[	11	7	10	2	2	2	0	1	1	0	0	0	0	1	1	0	0	38	**13,7**
[45-55[	10	7	0	0	0	1	1	1	0	0	0	0	0	0	1	1	0	22	**7,9**
[55-65[	7	4	3	0	1	0	0	2	0	0	0	0	0	0	2	0	0	19	**6,8**
[65-75[	4	2	1	0	0	0	0	0	1	0	0	0	0	0	1	0	0	9	**3,2**
[75-85[	1	0	1	1	0	1	0	0	0	0	0	0	0	0	1	1	0	6	**2,2**
[85-95[	1	0	3	0	0	0	0	0	0	0	0	0	0	0	0	1	0	5	**1,8**
[95-105[	0	0	0	0	0	0	0	0	0	0	0	0	0	0	0	1	0	1	**0,4**
[105-115[	1	0	0	0	0	0	0	0	0	0	0	0	0	0	0	0	0	1	**0,4**
[115-125[	0	0	1	0	0	0	0	0	0	0	0	0	0	0	0	0	0	1	**0,4**
[125-135[	0	0	0	0	0	1	0	0	0	0	0	0	0	0	0	1	0	2	**0,7**
[145-155[	0	0	0	0	0	0	0	0	0	0	0	0	0	1	0	0	0	1	**0,4**
[175-185[	0	0	0	0	0	0	0	0	0	1	0	0	0	0	0	0	0	1	**0,4**
[215-225[	0	0	0	0	0	0	0	0	0	1	0	0	0	0	0	0	0	1	**0,4**
Total	**74**	**60**	**40**	**26**	**16**	**9**	**10**	**6**	**3**	**2**	**2**	**1**	**1**	**2**	**12**	**9**	**5**	**278**	**100**
Percentagem	**26,6**	**21,6**	**14,4**	**9,4**	**5,8**	**3,2**	**3,6**	**2,2**	**1,1**	**0,7**	**0,7**	**0,4**	**0,4**	**0,7**	**4,3**	**3,2**	**1,8**	**100**	

Quadro 2: Sítio de Rwahirirwa

Classes de circunferência	*Galiniera coffeoides*	*Macaranga kilimandscharica*	*Xymalos monospora*	*Syzygium parvifolium*	*Psychotria palustris*	*Dracaena afromontana*	Indústria	*Tabernaemontana johnstonii*	*Symphonia globulifera*	*Maesa lanceolata*	*Myrianthus holstii*	*Bersama abyssinica*	*Cyathea maniana*	Total	%
[15-25[	13	3	3	1	6	0	0	0	0	0	0	0	1	**27**	**18**
[25-35[	11	7	2	0	1	0	0	0	1	0	1	0	17	**40**	**27**
[35-45[	15	5	4	1	0	0	0	0	0	0	0	0	16	**41**	**28**
[45-55[	1	5	5	1	0	0	0	0	1	1	0	0	0	**14**	**9,5**
[55-65[	0	7	1	0	0	0	0	0	0	0	0	1	0	**9**	**6,1**
[65-75[	0	3	2	0	0	1	0	1	0	0	0	0	0	**7**	**4,8**
[75-85[	0	1	0	0	0	0	0	0	0	0	0	0	0	**1**	**0,7**
[85-95[	0	0	0	1	0	0	0	0	0	0	0	0	0	**1**	**0,7**
[95-105[	0	1	0	0	0	0	0	0	0	0	0	0	0	**1**	**0,7**
[105-115[	0	0	0	1	0	0	0	0	0	0	0	0	0	**1**	**0,7**
[135-145[	0	0	0	1	0	0	0	0	0	0	0	0	0	**1**	**0,7**
[145-155[	0	0	0	1	0	0	0	0	0	0	0	0	0	**1**	**0,7**
[165-175[	0	0	0	0	0	0	1	0	0	0	0	0	0	**1**	**0,7**
[205-215[	0	0	0	1	0	0	0	0	0	0	0	0	0	**1**	**0,7**
[265-275[	0	0	0	1	0	0	0	0	0	0	0	0	0	**1**	**0,7**
Total	**40**	**32**	**17**	**9**	**7**	**1**	**1**	**1**	**2**	**1**	**1**	**1**	**34**	**147**	**100**
%	**27,21**	**21,77**	**12**	**6,1**	**4,762**	**0,7**	**0,7**	**0,7**	**1,4**	**0,7**	**0,68**	**0,68**	**23**	**100**	

Quadro 3: Sítio Kaziramihunda 2

Classes de circunferência	*Myrianthus holstii*	*Tabernaemontana johnstonii*	*Xymalos monospora*	*Dracaena afromontana*	*Magnistipula butayei*	*Acácia montigena*	*Chassaria subochreata*	*Rytigynia kivuensis*	*Prinus africana*	Indet 1	*Polyscia fulva*	*Schefflera abyssinica*	Indet 2	*syzygium parvifolium*	*Pauridiantha paucinervis*	*Alchornea hirtella*	*Cyathea maniana*	Total	%
[15-25[	21	5	6	9	2	1	6	8	0	1	0	0	0	0	0	1	0	**60**	**35,3**
[25-35[	12	1	4	3	0	1	0	3	0	0	0	1	1	0	0	0	1	**27**	**15,9**
[35-45[	7	4	4	2	0	0	0	0	0	0	0	0	0	0	1	0	0	**18**	**10,6**
[45-55[	7	2	7	1	0	0	0	0	0	0	0	1	0	0	0	0	0	**18**	**10,6**
[55-65[	3	4	2	0	0	0	0	0	0	0	0	0	0	0	0	0	0	**9**	**5,3**
[65-75[	0	3	0	1	0	0	0	0	0	0	0	0	0	0	0	0	0	**4**	**2,4**
[75-85[	2	1	2	0	0	0	0	0	0	0	0	0	0	0	1	0	0	**6**	**3,5**
[85-95[	3	1	0	0	0	0	0	0	0	0	0	0	0	1	0	0	0	**5**	**2,9**
[95-105[	2	1	0	1	0	0	0	0	0	0	0	0	0	0	0	0	0	**4**	**2,4**
[105-115[	1	2	1	1	0	0	0	0	0	0	0	0	0	0	0	0	0	**5**	**2,9**
[115-125[	2	1	0	0	0	0	0	0	0	0	0	0	0	0	0	0	0	**3**	**1,8**
[145-155[	0	1	0	0	0	0	0	0	0	0	0	0	0	0	0	0	0	**1**	**0,6**
[155-165[	0	0	0	0	0	0	0	0	0	0	0	0	0	0	1	0	0	**1**	**0,6**
[175-185[	0	1	0	0	0	0	0	0	1	0	0	0	0	0	0	0	0	**2**	**1,2**
[195-205[	0	1	0	0	0	0	0	0	0	0	0	0	0	0	0	0	0	**1**	**0,6**
[215-225[	0	0	0	0	0	0	0	0	0	0	0	0	0	0	1	0	0	**1**	**0,6**
[235-245[	0	0	0	0	0	0	0	0	0	0	1	0	0	0	0	0	0	**1**	**0,6**
[285-295[	0	0	0	0	0	0	0	0	0	0	0	0	0	0	1	0	0	**1**	**0,6**

[305-315[	0	0	0	0	0	0	0	0	0	0	1	0	0	0	0	0	0	1	0,6
[375-385[	0	0	0	0	0	0	0	0	1	0	0	0	0	0	0	0	0	1	0,6
[415-425]	0	0	0	0	0	0	0	0	1	0	0	0	0	0	0	0	0	1	0,6
Total	**60**	**28**	**26**	**18**	**2**	**2**	**6**	**11**	**3**	**1**	**2**	**2**	**1**	**1**	**5**	**1**	**1**	**170**	**100**
%	35,3	16,5	15,3	10,6	1,2	1,2	3,5	6,5	1,8	0,6	1,2	1,2	0,6	0,6	2,9	0,6	0,6	100	

Quadro 4: Sítio Ndubura 1

	Neoboutonia macrocalyx	*Dombeya goetznii*	*Discopodium penninervium*	**Total**	%
[15-25[	4	0	11	**15**	**48,39**
[25-35[	4	1	0	**5**	**16,13**
[35-45[	1	0	0	**1**	**3,23**
[45-55[	1	1	0	**2**	**6,45**
[55-65[	1	0	0	**1**	**3,23**
[65-75[	4	1	0	**5**	**16,13**
[85-95[	2	0	0	**2**	**6,45**
Total	17	3	11	31	
%	54,84	9,68	35,48		100

Quadro 5: Sítio Ndubura 2

Classes de circunferência	*Macaranga kilimandscharica*	*Myrianthus holstii*	*Tabernaemontana johnstonii*	*Pauridiantha paucinervis*	*Chassaria subochreata*	*Alchornea hirtella*	*Chrysophyllum gorungosanum*	*Strombosia Scheffleri*	*Xymalos monospora*	*Synsepalum seretii*	*Magnistipula butayei*	*Rauvolfia mannii*	*Dracaena afromontana*	*Psychotria palustris*	*Sericanthe burundensis*	*Symphonia globulifera*	Indet	*Polyscia fulva*	Total	%
[15-25[	9	1	2	0	2	28	0	0	1	0	1	1	3	2	3	2	0	0	**55**	**50,93**
[25-35[	5	0	1	0	0	3	0	0	2	0	0	0	0	0	0	0	0	0	**11**	**10,19**
[35-45[	3	0	0	1	0	0	0	0	0	0	0	0	1	0	0	1	0	0	**6**	**5,56**
[45-55[	0	1	0	1	0	0	0	0	0	0	0	0	0	0	0	0	0	0	**2**	**1,85**
[55-65[	1	3	1	0	0	0	1	1	0	0	0	0	0	0	0	0	0	0	**7**	**6,48**
[65-75[	0	0	0	0	0	0	0	1	0	0	0	0	0	0	0	0	0	0	**1**	**0,93**
[75-85[	2	0	2	0	0	0	0	0	1	1	0	0	1	0	0	0	0	0	**7**	**6,48**
[85-95[	0	0	0	0	0	0	0	1	0	0	0	0	0	0	0	0	0	0	**1**	**0,93**
[95-105[	1	1	0	0	0	0	0	0	1	0	0	0	0	0	0	0	0	0	**3**	**2,78**
[105-115[	0	0	0	0	0	0	0	1	0	0	0	0	0	0	0	0	0	0	**1**	**0,93**
[115-125[	0	0	1	0	0	0	0	1	0	0	0	0	0	0	0	0	1	0	**3**	**2,78**
[125-135[	0	0	0	0	0	0	0	0	0	1	0	0	0	0	0	0	0	0	**1**	**0,93**
[135-145[	0	1	0	0	0	0	1	0	0	0	0	0	0	0	0	0	0	0	**2**	**1,85**
[155-165[	1	0	0	0	0	0	0	0	0	0	0	0	0	0	0	0	0	0	**1**	**0,93**
[175-185[	0	0	0	0	0	0	1	0	0	0	0	0	0	0	0	0	0	0	**1**	**0,93**
[195-205[	0	0	0	0	0	0	1	0	0	1	0	0	0	0	0	0	0	0	**2**	**1,85**
[215-225[	0	1	0	0	0	0	0	0	0	0	0	0	0	0	0	0	0	1	**2**	**1,85**
[255-265[	0	0	0	0	0	0	1	0	0	0	0	0	0	0	0	0	0	0	**1**	**0,93**
[265-275[	0	0	0	0	0	0	1	0	0	0	0	0	0	0	0	0	0	0	**1**	**0,93**
Total	**22**	**8**	**7**	**2**	**2**	**31**	**6**	**5**	**5**	**3**	**1**	**1**	**5**	**2**	**3**	**3**	**1**	**1**	**108**	
%	**20,37**	**7,41**	**6,48**	**1,85**	**1,85**	**28,70**	**5,56**	**4,63**	**4,63**	**2,78**	**0,93**	**0,93**	**4,63**	**1,85**	**2,78**	**2,78**	**0,93**	**0,93**		**100**

Quadro 6: Sítio Ndubura 3

Classes de circunferência	*Macaranga kilimandscharica*	*Chrysophyllum gorungosanum*	*Myrianhus holstii*	*Strombosia scheffleri*	*Erythrococca bongensis*	*Psychotria palustris*	*Rytigynia bridsonii*	*Garcinia volkensii*	*Tabernaemontana johnstonii*	*Dracaena afromontana*	*Symphonia globulifera*	*Maesa lanceolata*	*Xymalos monospora*	*Neoboutonia macrocalyx*	*Magnistipula butayei*	*Syzygium parvifolium*	**Total**	%
[15-25[	0	0	3	6	0	2	2	13	2	3	0	0	0	0	1	0	**32**	**32,99**
[25-35[	1	1	4	4	1	0	0	2	2	0	1	0	0	0	0	0	**16**	**16,49**
[35-45[	0	2	2	1	0	0	0	0	2	0	0	1	0	0	0	0	**8**	**8,25**
[45-55[	1	0	1	0	0	0	0	0	0	0	1	0	0	1	0	0	**4**	**4,12**
[55-65[	0	1	2	0	0	0	0	0	0	1	0	0	0	0	0	0	**4**	**4,12**
[65-75[	1	0	1	0	0	0	0	0	1	0	0	0	0	0	0	0	**3**	**3,09**
[75-85[	1	1	0	2	0	0	0	0	1	0	0	0	1	0	0	0	**6**	**6,19**
[85-95[	0	2	0	1	0	0	0	0	1	0	0	0	0	0	0	0	**4**	**4,12**
[95-105[	0	1	0	0	0	0	0	0	2	0	0	0	0	0	0	0	**3**	**3,09**
[105-115[	0	0	0	1	0	0	0	0	1	0	0	0	0	0	0	0	**2**	**2,06**
[115-125[	1	0	1	0	0	0	0	0	1	0	0	0	0	0	0	0	**3**	**3,09**
[125-135[	0	1	0	0	0	0	0	0	1	0	0	0	0	0	0	0	**2**	**2,06**
[135-145[	0	1	0	0	0	0	0	0	0	0	0	0	0	0	0	1	**2**	**2,06**

[155-165[	1	1	0	0	0	0	0	0	0	0	0	0	0	0	0	0	2	2,06
[165-175[	0	1	0	0	0	1	0	0	0	0	0	0	0	0	0	0	2	2,06
[185-195[	0	1	0	1	0	0	0	0	0	0	0	0	0	0	0	0	2	2,06
[255-265[	0	0	1	0	0	0	0	0	0	0	0	0	0	0	0	0	1	1,03
[305-315[	0	0	0	0	0	0	0	0	0	0	1	0	0	0	0	0	1	1,03
Total	6	13	15	16	1	3	2	15	14	4	3	1	1	1	1	1	97	
%	6,19	13	15	16	1	3,1	2,1	15	14	4,1	3,1	1,03	1,03	1	1,03	1		100

Apêndice 4: Formulário de registo das observações sobre a dinâmica do habitats das zonas protegidas do Burundi (Habiyaremye, 2012)

Contributeur :

SITE :																
Référence des observations						Activités humaines		Faune			Observations Habitats					
N	Date	Position				Type	Surf	Signe	Espèces	Nbr	Type	Strates	Ht	Rc	Espèces	Ph
		GPS			Topo											
		Alt	Lat	Lon												
												A-TGA			- - - - -	
												A-GA			- - - - -	
												A-AM			- - - - -	
												aB			- - - - -	
												SsAH			- - - - -	

Légende (explication des abréviations)

Référence des observations	Activités humaines	Faune	Observations habitats	
Hre : heure Lat : latitude Lon : longitude N : numéro Topo : toponyme	Surf : surface (m^2)	Nbr : Nombre	Strates	Hauteur (m)
			•A-TGA: arborescente avec de très grands arbres	30 < 50
			•A-GA: arborescente avec de grands arbres	20 < 30
			•A-AM: arborescente constituée d'arbres petits à moyens	7 < 20
			•aB: arbustive	2 < 7
			•SsAH: sous-arbustive et/ou herbacée	< 2
			Ht : hauteur (m)	
			Rc : recouvrement (%)	
			Ph : photo	

Apêndice 5: Medições dendrométricas efectuadas em árvores

Espécies por sítio	Indivíduos	Circunferência (Cm)	Altura (m)	Espécies por sítio	Indivíduos	Circunferência (Cm)	Altura (m)
Kaziramihunda 1				**Kaziramihunda 2**			
Macaranga kilimandscharica	1	113	14	*Myrianthus holstii*	1	88	10
	2	45	12		2	51	8
	3	55	16		3	18	4
	4	18	11		4	23	3.5
	5	56	14		5	16	3
	6	27	7		6	24	4
	7	74	12		7	29	5
	8	39	12		8	20	5
	9	58	15		9	51	10
	10	18	4		10	32	9
	11	47	14		11	26	5
	12	56	16		12	19	7
	13	46	12		13	15	2.5
	14	50	12		14	15	3
	15	30	12		15	52	15
	16	89	20		16	24	4
	17	37	12		17	37	10
	18	37	14		18	37	8
	19	58	14		19	118	7
	20	35	11		20	120	7
	21	25	11		21	38	7
	22	32	11		22	17	4
	23	28	8		23	24	5
	24	33	10		24	33	8
	25	26	10		25	28	7
	26	29	11		26	16	3.5
	27	23	10		27	27	6
	28	19	14		28	21	4
	29	40	13		29	32	6
	30	42	14		30	36	6
	31	45	15		31	19	4
	32	48	15		32	27	4
	33	27	14		33	25	5
	34	52	15		34	99	18
	35	58	19		35	44	10
	36	45	13		36	53	12
	37	28	9		37	104	17
	38	31	15		38	49	1.5
	39	48	15		39	32	6
	40	28	10		40	22	5
	41	44	13		41	25	5
	42	73	20		42	16	2
	43	26	11		43	16	2.5
	44	84	22		44	15	2
	45	34	13		45	16	3
	46	26	13		46	89	13
	47	63	18		47	78	20
	48	65	19		48	63	12

	49	27	9		49	29	7
	50	30	8		50	41	8
	51	34	12		51	41	8
	52	25	11		52	50	7
	53	16	8		53	80	10
	54	23	10		54	47	8
	55	42	14		55	61	16
	56	47	14		56	89	17
	57	24	10		57	22	4
	58	34	11		58	64	14
	59	21	13		59	105	20
	60	24	11		60	22	4
	61	22	9	*Tabernaemontana johnstonii*	1	28	7
	62	38	14		2	55	9
	63	30	12		3	38	7
	64	27	12		4	57	9
	65	30	11		5	38	9
	66	15	7		6	71	8
	67	29	11		7	124	20
	68	42	15		8	71	12
	69	28	13		9	20	12
	70	30	13		10	41	9
	71	20	9		11	16	4.5
	72	27	8		12	46	6
	73	37	12		13	21	3
	74	25	12		14	22	3
Tabernaemontana johnstonii	1	29	8		15	21	3
	2	42	10		16	179	25
	3	22	7		17	47	15
	4	20	4		18	103	15
	5	74	12		19	44	11
	6	30	6		20	110	20
	7	15	4		21	108	20
	8	51	11		22	94	18
	9	46	11		23	74	20
	10	31	10		24	63	12
	11	28	9		25	83	12
	12	51	11		26	153	17
	13	42	28		27	195	18
	14	36	9		28	59	14
	15	25	6	*Xymalos monospora*	1	26	4
	16	47	12.5		2	46	11
	17	62	15		3	21	3
	18	29	6		4	50	5
	19	16	4		5	38	7
	20	23	7		6	23	3
	21	21	6		7	25	7
	22	17	6		8	16	2
	23	18	5		9	80	17
	24	31	10		10	25	5
	25	52	9		11	60	13
	26	31	4		12	59	12
	27	31	4		13	21	12

	28	21	5		14	47	12
	29	33	9		15	23	6
	30	68	10		16	31	2
	31	59	9		17	20	4
	32	23	2.5		18	43	7
	33	63	12		19	112	10
	34	61	9		20	54	12
	35	46	9		21	80	14
	36	18	5		22	46	7
	37	18	5		23	49	12
	38	28	8		24	41	6
	39	24	5		25	44	8
	40	27	6		26	47	8
	41	32	8	*Dracaena afromontana*	1	21	5
	42	51	10		2	16	3
	43	29	6		3	18	4
	44	39	5		4	103	12
	45	32	7		5	25	5

	46	24	7		6	35	8
	47	16	4		7	27	4
	48	34	9		8	14	3
	49	23	7		9	16	3
	50	24	4		10	19	3
	51	40	8		11	42	6
	52	38	8		12	113	3.5
	53	34	7		13	15	3
	54	24	7		14	47	8
	55	38	9		15	71	9
	56	21	5		16	19	2.5
	57	27	8		17	29	3
	58	15	5		18	23	3
	59	24	6	*Magnistipula butayei*	1	19	7
	60	16	3		2	18	7
Xymalos monospora	1	17	3.5	*Acácia montigena*	1	31	20
	2	20	5		2	22	20
	3	79	15	*Chassalia subochreata*	1	16	3
	4	64	12		2	18	3
	5	85	18		3	16	2
	6	42	6		4	20	4
	7	93	18		5	18	3
	8	26	6		6	16	2
	9	62	9	*Rytigynia kiwuensis*	1	17	3
	10	37	7		2	19	7
	11	36	7		3	16	4
	12	31	6		4	22	4
	13	17	6		5	22	4
	14	15	7		6	16	3
	15	115	12		7	28	3
	16	42	9		8	15	3
	17	28	6		9	25	5
	18	15	6		10	26	5

	19	16	6		11	21	3
	20	31	8	*Prunus africana*	1	381	40
	21	90	8		2	182	29
	22	31	8		3	420	30
	23	42	9	Indivíduo	1	16	7

	24	25	8	*Polyscias fulva*	1	310	25
	25	35	5		2	241	30
	26	20	14	*Schefflera abyssinica*	1	46	18
	27	15	9		2	32	18
	28	18	6	*Indústria*	1	29	19
	29	21	6	*Syzygium parvifolium*	1	158	20
	30	19	8		2	220	30
	31	27	5		3	85	22
	32	43	8		4	286	40
	33	61	7	*Pauridiantha paucinervis*	1	21	3
	34	17	6		2	22	2
	35	68	9		3	21	7
	36	42	9		4	30	10
	37	35	7		5	22	12
	38	29	6	*Alchornea hirtella*	1	22	4
	39	17	12	*Cyathea maniana*	1	34	4
	40	42	12	**Ndubura 1**			
Galiniera saxifraga	1	28	7	*Neoboutonia macrocalyx*	1	67	12
	2	83	9		2	73	12
	3	19	7		3	62	19
	4	21	6		4	46	9
	5	19	6		5	23	5
	6	24	5		6	31	5
	7	17	7		7	26	4
	8	19	5		8	36	6
	9	17	5		9	20	3.5
	10	24	4		10	15	1.5
	11	15	6		11	18	4

	12	18	4		12	67	14
	13	17	6		13	25	4
	14	32	7		14	32	5
	15	18	7		15	85	13
	16	21	5		16	72	9
	17	23	4		17	93	10
	18	18	3.5	*Dombeya goetznii*	1	30	6
	19	18	6		2	49	8
	20	43	7		3	71	3
	21	30	8	*Discopodium pennninervium*	1	15	2
	22	42	8		2	14	3
	23	16	5		3	18	3
	24	19	5		4	18	3
	25	18	7		5	15	2.5
	26	19	6		6	19	4
Psychotria palustris	1	17	6		7	16	3
	2	16	4		8	16	3
	3	56	10		9	17	4
	4	25	9		10	20	4
	5	15	4		11	19	4
	6	37	6	**Ndubura 2**			
	7	15	7	*Macaranga kilimandscharica*	1	84	20
	8	16	9		2	103	25
	9	16	6		3	159	27
	10	17	7		4	25	6
	11	23	7		5	41	12
	12	18	8		6	25	8
	13	22	5		7	22	7

	14	20	5		8	16	5
	15	43	10		9	28	10
	16	25	6		10	31	7
Magnistipula butayei	1	77	15		11	27	10
	2	15	9		12	17	8

	3	21	8		13	23	10
	4	18	7		15	64	15
	5	41	13		16	22	10
	6	42	15		17	43	15
	7	46	12		18	15	3
	8	32	15		19	15	3
	9	132	22		20	78	20
Rytigynia kiwuensis	1	21	6		21	22	9
	2	21	7		22	20	3
	3	17	6	*Myrianthus holstii*	1	101	18
	4	15	5		2	141	27
	5	17	6		3	56	12
	6	18	7		4	61	16
	7	21	8		5	19	4
	8	29	4		6	50	5
	9	20	7		7	63	7
	10	52	11		8	215	25
Dracaena afromontana	1	51	11	*Tabernaemontana johnstonii*	1	84	15
	2	20	7		2	58	14
	3	40	4		3	22	5
	4	31	3		4	19	27
	5	57	9		5	82	15
	6	61	9		6	32	8
Bersama abyssinica	1	70	14		7	123	16
	2	41	4	*Pauridiantha paucinervis*	1	46	9
	3	24	4		2	36	8
Polyscias fulva	1	184	24	*Chassalia subochreata*	1	18	1.5
	2	223	30		2	16	2
Lindackeria kivuensis	1	18	5	*Alchornea hirtella*	1	16	4.5
	2	16	4		2	15	3
Chassalia subochreata	1	16	5		3	20	5
Sapium ellipticum	1	30	29		4	23	8
Shirakiopsis elliptica	1	36	4		5	20	5

	2	153	28		6	17	5
Myrianthus holstii	1	18	4		7	21	5
	2	37	9		8	32	5
	3	63	14		9	20	5
	4	60	15		10	25	6
	5	45	6		11	21	4.5
	6	66	12		12	27	7
	7	77	10		13	17	3
	8	34	9		14	21	4
	9	18	5		15	15	4
	10	23	7		16	24	4.5
	11	33	8		17	16	3
	12	23	7		18	20	6
Syzygium parvifolium	1	103	18		19	17	3.5
	2	134	24		20	20	4
	3	78	21		21	15	4
	4	45	15		22	17	4.5
	5	24	5		23	15	4

	6	84	24		24	16	5
	7	17	5		25	16	3.5
	8	31	10		26	17	4.5
	9	18	9		27	15	5
Cyathea sp	1	33	4		28	18	5.5
	2	28	2		29	18	6
	3	23	2		30	16	4
	4	24	2		31	16	4
	5	30	1.5	*Chrysophyllum gorungosanum*	1	180	25
Rwahirirwa					2	144	26
Galiniera saxifraga	1	19	5		3	197	27
	2	34	10		4	59	8
	3	42	12		5	263	35
	4	30	8		6	272	25
	5	15	5	*Strombosia scheffleri*	1	114	25

	6	19	7		2	115	24
	7	28	9		3	88	20
	8	22	10		4	61	19
	9	38	8		5	71	35
	10	33	9	*Xymalos monospora*	1	75	9
	11	31	7		2	31	4
	12	23	3		3	30	4
	13	18	3		4	101	12
	14	17	5		5	16	4
	15	25	5	*Synsepalum attenuatum*	1	78	19
	16	22	4		2	202	35
	17	36	7		3	130	25
	18	36	9	*Magnistipula butayei*	1	23	4
	19	27	7	*Rauvolfia mannii*	1	16	3
	20	40	8	*Dracaena afromontana*	1	18	3
	21	21	2		2	16	3
	22	32	4		3	79	6
	23	40	8		4	21	2.5
	24	20	9		5	37	4
	25	41	10	*Psychotria palustris*	1	20	3
	26	17	7		2	18	4
	27	38	7	*Sericanthe burundensis*	1	18	4
	28	33	9		2	19	5
	29	42	9		3	16	5
	30	21	6	*Symphonia globulifera*	1	37	15
	31	36	10		2	19	3
	32	43	7		3	24	7
	33	39	8	Indústria	1	121	18
	34	34	6	*Polyscias fulva*	1	219	29
	35	52	9	**Ndubura 3**			
	36	35	8	*Macaranga kilimandscharica*	1	121	20
	37	35	7		2	84	25
	38	42	6		3	27	9

	39	29	8		4	51	12
	40	20	5		5	69	12
Macaranga kilimandscharica	1	45	15		6	158	30
	2	67	17	*Chrysophyllum gorungosanum*	1	192	22
	3	51	17		2	39	12
	4	59	14		3	165	26

	5	22	9		4	156	22
	6	30	9		5	37	6
	7	27	11		6	142	25
	8	33	13		7	55	20
	9	64	18		8	133	20
	10	65	18		9	98	35
	11	21	11		10	29	2
	12	39	13		11	76	20
	13	82	15		12	88	24
	14	20	18		13	87	15
	15	29	12	*Myrianthus holstii*	1	15	4
	16	64	19		2	71	12
	17	33	10		3	59	12
	18	55	18		4	44	11
	19	61	14		5	33	7
	20	49	12		6	50	12
	21	58	15		7	24	16
	22	36	12		8	257	25
	23	40	14		9	31	9
	24	45	15		10	25	7
	25	57	16		11	18	4
	26	74	18		12	122	20
	27	38	15		13	64	15
	28	95	15		14	39	12
	29	30	11		15	25	7
	30	34	10	*Strombosia scheffleri*	1	22	7
	31	45	13		2	78	15

	32	43	13		3	187	36
Xymalos monospora	1	56	15		4	106	20
	2	47	16.5		5	27	9
	3	35	8		6	16	5
	4	70	13		7	31	6
	5	46	8		8	21	3
	6	17	3		9	32	7
	7	35	7		10	28	7
	8	23	6		11	22	0
	9	32	9		12	36	11
	10	52	7		13	21	5
	11	54	11		14	17	7
	12	65	12		15	90	20
	13	47	7		16	81	25
	14	26	3	*Erythrococca bongensis*	1	28	5
	15	16	9	*Psychotria palustris*	1	19	4
	16	42	8		2	16	3
	17	42	10.5		3	174	20
Syzygium parvifolium	1	145	18	*Rytigynia bridsonii*	1	19	4
	2	35	18		2	19	9
	3	51	18	*Garcinia volkensii*	1	15	4
	4	105	13		2	15	4.5
	5	21	8		3	22	5
	6	209	19		4	23	5
	7	142	18.5		5	18	6
	8	94	35		6	16	17
	9	268	19		7	15	4
Psychotria palustris	1	15	4		8	25	6
	2	15	2		9	17	4
	3	17	10		10	16	7
	4	32	7		11	21	6

	5	23	6		12	15	5
	6	15	4		13	27	2.5

	7	22	3		14	18	8
Dracaena afromontana	1	68	10		15	15	7
Indivíduo	1	166	19	*Tabernaemontana johnstonii*	1	77	15
Tabernaemontana johnstonii	1	68	13		2	115	14
Symphonia globulifera	1	53	18		3	23	9
	2	27	11		4	107	15
Maesa lanceolata	1	51	11		5	71	18
Myrianthus holstii	1	25	7		6	25	6
Bersama abyssinica	1	61	9		7	34	10
Cyathea maniana	1	34	5		8	89	12
	2	35	4.5		9	126	25
	3	27	2		10	42	12
	4	28	2.5		11	42	10
	5	37	6		12	97	12
	6	28	5		13	24	7
	7	38	3.5		14	104	17
	8	34	3.5	*Dracaena afromontana*	1	22	6
	9	34	4		2	17	5
	10	37	2.5		3	56	8
	11	34	4.5		4	24	5
	12	37	4	*Symphonia globulifera*	1	308	34
	13	35	3.5		2	27	6
	14	18	4		3	54	25
	15	35	3.5	*Maesa lanceolata*	1	39	12
	16	28	2.5	*Xymalos monospora*	1	76	25
	17	35	3	*Neoboutonia macrocalyx*	1	53	18
	18	31	2.5	*Magnistipula butayei*	1	16	4
	19	32	1.5	*Syzygium parvifolium*	1	144	25
	20	32	1				
	21	28	1				
	22	26	3				
	23	36	1.5				
	24	32	2				

	25	34	3
	26	36	4
	27	38	3.5
	28	41	3
	29	32	1.5
	30	38	2.5
	31	35	3
	32	39	2
	33	33	5
	34	35	1.5

Anexo 6: Fotos de algumas espécies recolhidas no sector Teza do PNK. Fotos: D. Nzoyisaba, 2013

1: *Maesa lanceolata* ; 2: *Myrianthus holstii*; 3: *Symphonia globulifera*; 4: *Syzygium parvifolium*; 5: *Strombosia scheffleri*; 6: *Dracaena afromontana*; 7: *Chrysophyllum gorungosanum*; 8: *Synsepalum seretii*; 9: *Xymalos monospora*; 10: *Polyscias fulva*; 11: *Macaranga kilimandscharica*; 12: *Dombeya goetzenii*; 13: *Neoboutonia macrocalyx*; 14: *Prunus africana*; 15: *Tabernaemontana johnstonii*; 16: *Phytolacca dodecandra.*

17 18 19 20

21 22 23 24

25 26 27 28

29 30 31 32

17: *Crassocephalum montuosum*; 18: *Ensete ventricosum*; 19: *Schefflera goetzenii*; 20: *Smilax anceps*; 21: *Psychotria palustris*; 22: *Galiniera saxifraga*; 23: *Gynura scandens*; 24: Flores de *Gynura scandens*; 25: *Virectaria major*; 26: *Triumfetta cordifolia*; 27: *Piper capense*; 28: *Setaria megaphylla*; 29: *Sericostachys scandens*; 30: *Discopodium penninervium*; 31: *Garcinia volkensii*; 32: *Coccinia mildbraedii*.

33: *Acalypha ornata*; 34: *Tacazzea apiculata*; 35: *Canarina eminii*; 36: *Dalbergia lacteal*; 37: *Rumex abyssinicus*; 38: *Monanthotaxis orophila*; 39: *Isachne mauritiana*; 40:*Hibiscus ludwigii* com flor; 41:*Urera hypselodendron*; 42: *Begonia meyeri-johannis* ; 43: *Brillantaisia cicatricosa*; 44: *Chassalia subochreata*; 45: *Schefflera abyssinica*; 46: *Stephania abyssinica* ; 47: *Momordica foetida* ; 48: *Vepris renieri.*

49 :*Bersama abyssinica*; 50: *Solanum nigrum*; 51: *Kalanchoe crenata*; 52: *Laportea alatipes*; 53: *Brachystephanus africanus*; 54: *Desmodium repandum*; 55: *Jaundea pinnata*; 56: *Arisaema mildbraedii*; 57: *Cyphostemma mildbraedii*; 58: *Mimulopsis solmsii*; 59: *Parinari excelsa*; 60: *Gymnosporia acuminata*; 61: *Pteridium aquilinum*; 62: *Mikaniopsis usambarensis*; 63: *Clerodendrum* Sp;

Printed by Books on Demand GmbH, Norderstedt / Germany